D1920225

Vivian Gabor

Mensch und Pferd auf AUGENHÖHE

Pferdegerecht kommunizieren

Büchereien Wien
Ausgeschieden
von den
Büchereien Wien

Büchereien Wien
Am Gürtel
Magistratsabteilung 13
7, Urban-Loritz-Platz 2a
A-1070 Wien

Müller Rüschlikon

IMPRESSUM

Einbandgestaltung: R2 | Ravenstein, Verden

Titelfoto: Juliane Fellner, www.equus-foto.de

Bildnachweis:
Dr. Vivian Gabor: S. 7 unten, 10, 14 unten, 29 oben, 37, 40, 85, 92, 97, 160
Jörn Lehmann, www.lehmann-photo.de: S. 113 unten
Alle übrigen Bilder in diesem Buch wurden von Juliane Fellner erstellt, www.equus-foto.de.

Bildquellen:
http://www.phytobiotics.com/fileadmin/_migrated/pics/01_Aromen_01_d.jpg: Abb. 6
http://www.smarthorses.com/2014/understand-your-horse-blog-11-eyes-1/: Abb. 4

Alle Angaben in diesem Buch wurden nach bestem Wissen und Gewissen gemacht. Für einen eventuellen Missbrauch der Informationen in diesem Buch können weder die Autorin noch der Verlag oder die Vertreiber des Buches zur Verantwortung gezogen werden. Eine Haftung für Personen-, Sach- und Vermögensschäden ist ausgeschlossen.

ISBN 978-3-275-02098-0

Copyright © by Müller Rüschlikon Verlag
Postfach 103743, 70032 Stuttgart
Ein Unternehmen der Paul Pietsch Verlage GmbH & Co. KG
Lizenznehmer der Bucheli Verlags AG, Baarerstr. 43, CH-6304 Zug

1. Auflage 2017

Sie finden uns im Internet unter www.mueller-rueschlikon-verlag.de

Nachdruck, auch einzelner Teile, ist verboten. Das Urheberrecht und sämtliche weiteren Rechte sind dem Verlag vorbehalten. Übersetzung, Speicherung, Vervielfältigung und Verbreitung einschließlich Übernahme auf elektronische Datenträger wie DVD, CD-ROM usw. sowie Einspeicherung in elektronische Medien wie Internet usw. ist ohne vorherige Genehmigung des Verlages unzulässig und strafbar.

Lektorat: Claudia König
Innengestaltung: R2 | Ravenstein, Verden
Druck und Bindung: Graspo CZ, a.s., Zlin
Printed in Czech Republic

INHALT

*»Eine fremde Sprache lernen und gut sprechen,
gibt der Seele eine innere Toleranz,
man erkennt, dass alles innerste Leben
sich auch noch anders fassen und darstellen lasse,
man lernt, fremdes Leben achten.«*

Berthold Auerbach (1812–1882)

VORWORT VON DR. VIVIAN GABOR

Was bedeutet es, »auf Augenhöhe« mit einem Kommunikationspartner, einem anderen Menschen oder eben seinem Pferd, zu sein? Gemeint ist hier nicht nur wörtlich die Arbeit vom Boden aus, sondern im übertragenen Sinne, das Einbeziehen beider an einem gegenseitigen Informationsaustausch – der Kommunikation. Auf Augenhöhe soll heißen, dass die Interessen beider berücksichtigt werden. Bei Mensch und Pferd könnten diese sehr weit auseinanderliegen. Auf der anderen Seite finden wir aber vielleicht auch interessante Gemeinsamkeiten.

In diesem Buch soll es darum gehen, dass beide Parteien etwas von der Kommunikation und der gemeinsamen Zeit haben und ein gemeinsamer Erfolg entsteht: Der Mensch kann seine Freizeit genießen und sogar seine sportlichen Ambitionen mit dem Pferd verfolgen. Das Pferd versteht im besten Falle die Signale des Menschen, ist motiviert auf diese zu reagieren, und findet in der Zusammenarbeit mit dem Menschen Abwechslung und eine angenehme körperliche Auslastung. So könnte ein »Erfolg« auf beiden Seiten aussehen.

In den nachfolgenden Kapiteln werden wissenschaftliche Kenntnisse über die Wahrnehmung, das Verhalten und die Kommunikation mit einbezogen, das Gefühl für das Pferd, aber ebenso die eigene körperliche Wahrnehmung werden eine Rolle spielen. Wir wollen Sichtweisen des Menschen betrachten, die vielleicht überdacht werden müssen, um im Sinne des Pferdes handeln zu können und nicht nur nach menschlichen Interessen.

Tierwohl und Tiergerechtheit spielt in unserer Zeit eine immer größere Rolle, und das ist gut so. Viele Pferdebesitzer machen sich Gedanken um eine möglichst artgerechte Haltung, Fütterung und ein schonendes Training ihres Pferdes. Dieses Buch soll nicht nur Besitzern, sondern besonders auch Ausbildern zeigen, dass das Einbeziehen von wissenschaftlichen Aspekten zu Themen wie Verhalten und Psyche von Pferd UND Mensch einen hohen Mehrwert für das pferdegerechte Training bringt. Somit können bessere Erfolge, auch in der sportlichen Leistung, erzielt werden.

Unsere Verantwortung dem Pferd gegenüber liegt nicht nur in einer möglichst optimal gestalteten und naturnahen Umwelt, sondern auch in dem Verhalten, das wir ihm gegenüber zeigen. Wenn wir uns im täglichen Umgang und im Training in das Pferd hineinversetzen, betreiben wir aktiven Tierschutz.

Auf Augenhöhe einander zu begegnen bedeutet nicht, dass wir das Pferd als »Mensch« sehen sollen, im Gegenteil, es soll heißen, die Natur des Pferdes zu verstehen und sich in seine Wahrnehmung und Reaktionswelt hineinversetzen zu können. Es soll bedeuten, dass nicht durch Unterdrückung und Dominanz eine Herrschaft über ein Tier erzeugt werden muss, sondern dass wir dem Tier mit Respekt begegnen sollen. Seine natürlichen Verhaltensweisen können wir nutzen, um ihm das Leben mit uns so angenehm wie möglich zu gestalten. So kann das Pferd im Umgang mit dem Menschen einen Sinn erkennen. Das schaffen wir, indem wir uns Wissen über unser Gegenüber aneignen und uns bei unseren eigenen Verhaltensweisen und Einstellungen immer selbst reflektieren, die wir in diese Begegnung mit einbringen. Wenn der Mensch versteht, dass er selbst der Part ist, der das Verhalten des Pferdes beeinflusst, wird ihm hoffentlich bewusst, was für eine Verantwortung hinter seinem Handeln steht.

Ihre

Dr. Vivian Gabor

KOMMUNIKATION

WAS BEDEUTET KOMMUNIKATION?

Kommunikation findet überall und ständig in der Tier-, Pflanzen- und Menschenwelt statt. Signale werden an einer Stelle ausgesendet und an anderer Stelle empfangen. Sie enthalten Informationen, die entweder dem Sender, dem Empfänger oder beiden dienen. Diese Signale können in unterschiedlicher Art und Weise versendet werden. Beispielsweise findet Kommunikation zwischen Zellen mit Hilfe chemischer Kommunikation statt. Weiter gibt es die visuelle (sichtbare), olfaktorische (riechbare) und taktile (spürbare) Kommunikation. Es kann auch über elektrische Spannung kommuniziert werden, wie beim Schwänzeltanz der Bienen etwa: Sie laden sich während des Fluges zur Nahrungsquelle elektrisch auf und geben dann durch Spannungsfelder Informationen zur Lokalisierung der Nahrungsquelle an ihre Artgenossen weiter.

Die linguistische Kommunikation über eine Sprache mit Wörtern ist allein uns Menschen vorbehalten. Eine verbale Kommunikation über Lautäußerungen finden wir aber auch vielfältig im Tierreich.

Betrachten wir nur das unglaubliche Gesangsrepertoire mancher Vogelarten. Unter nonverbaler Kommunikation versteht man die Teile der Kommunikation, die beim Menschen ohne das gesprochene Wort ablaufen, also auch über die schon beschriebenen anderen Signaleingänge.

Mit welchen Signalarten eine Tierart kommuniziert, hängt von den speziell an ihren Lebensraum angepassten Sinneskanälen ab. Ein nachtaktives Säugetier ist eher spezialisiert auf Geräusche und Gerüche. Vögel untereinander müssen sich eher hören können als sehen. Im Wald lebende Wildtiere müssen über größere Distanzen mit lauteren Rufen miteinander kommunizieren als Fische im Wasser, die eher mit Farben und Formen, also optischen Signalen, auf geringere Entfernung Informationen austauschen. So haben sich spezifische Signale entwickelt, mit denen es der Tierart möglichst effizient gelingt, zu ihrem Vorteil zu kommunizieren. Kommunikationssignale können sogar innerhalb einer Tierart variieren, die verschiedene Lebensräume besiedelt: Man konnte feststellen, dass bei Vögeln der gleichen Art, die eher in Baumkronen leben, sich Frequenzbereich und

KOMMUNIKATION

Kommunikation (aus dem Lateinischen: communicatio = Mitteilung) bedarf zwei oder mehrerer Kommunikationspartner, die Informationen austauschen. Es gibt also einen Sender und einen Empfänger von Informationssignalen. Der Sender nutzt dabei speziell gestaltete Signale oder Verhaltensweisen, um das Verhalten des Empfängers zu ändern.

Die Kommunikationssignale in der Herde sind eindeutig. Das Drohen mit der Hinterhand kündigt das Ausschlagen an.

Tonhöhe anders gestalten, als bei der gleichen Art, die in der Grassteppe lebt, und deren Laute größere Distanzen zurücklegen müssen. Man könnte es möglicherweise mit unseren Ländersprachen und Dialekten vergleichen.

Pferde haben Lautäußerungen, mit denen sie auch eine größere Distanz überwinden können. Ihre hauptsächliche Kommunikation erfolgt aber über optische Signale, der Gestik und Mimik. Der Mensch hat eine ausdifferenzierte Sprache entwickelt. Körpersprachliche Signale haben zwar einen eher unterbewussten Effekt, spielen beim Menschen aber nach wie vor eine große Rolle in der Kommunikation.

Viele körpersprachliche Signale sind aus sogenannten Intentionsbewegungen entstanden. Das heißt mit dem Vorhaben, eine bestimmte Verhaltensweise auszuführen, gehen schon bestimmte körperliche Veränderungen einher, wie beispielsweise die Muskelanspannung und die Körperhaltung. Bei Drohsignalen des Pferdes kann man dies gut beobachten. Bevor das Pferd treten würde, muss es erst die Muskulatur anspannen, die Hanken etwas beugen, um Kraft für den Schlag zu bündeln. Auch wenn es nicht zum Treten kommt, weiß der Artgenosse – oder auch wir Menschen – dass, wenn das Pferd die Hinterhand drohend herunternimmt, Vorsicht geboten ist. Beim Beißdrohen fängt die Bewegung des Vertreibens mit einem Blick und einer Mimik-Veränderung an, gefolgt von einem Halsschwingen – also einer veränderten Körperhaltung – sowie einer muskulären Anspannung und dem schließlichen Angriff. Diese Signalsteigerung hat den Vorteil, dem Empfänger schon ohne hohen Energieverbrauch, der mit der Endhandlung einhergehen würde, die Information zu vermitteln, zu weichen. Wir werden später sehen, wie wir uns diese Signalabstufung in der Kommunikation mit dem Pferd hervorragend zu Nutze machen können.

Der Sender kann demnach auf verschiedenen Wegen etwas mitteilen. Dies muss nicht unbedingt bewusst sein, wie bei der verbalen Kommunikation, sondern kann auch völlig unbewusst passieren, wie bei dem Aussenden von olfaktorischen, also Geruchs-Signalen. Der häufigste Informationsaustausch findet zwischen Artgenossen derselben Tierart statt – bei der intraspezifischen Kommunikation. Es gibt in der Natur aber auch den Signalaustausch zwischen Tieren unterschiedlicher Arten – die interspezifische Kommunikation.

Kommunikationsformen haben sich in der Evolution entwickelt, da meist beide – Sender und Empfänger – einen Vorteil von diesem Informationsaustausch haben. Innerartlich dient er der Arterhaltung, zum Mitteilen von Gefahren, aber auch zum besseren Auffinden von Nahrungsquellen, dem Zusammenhalt in der Gruppe und der Aufrechterhaltung der Ordnung in der sozialen Hierarchie sowie der Fortpflanzung.

Wie läuft es bei uns Menschen ab?

Über die menschliche Kommunikation gibt es ganze Wissenschaftszweige. Da es hier um Mensch und Pferd geht, sollten wir auch unsere eigenen Handlungen und Verhaltensweisen verstehen und erkennen, wie wir mit diesen nach außen wirken. Denn wir werden sehen, dass wir hier einiges auch auf die Mensch-Pferd-Ebene übertragen können.

Paul Watzlawick gilt als bedeutender Kommunikationswissenschaftler, Psychotherapeut und Soziologe und stellte 5 Grundregeln der menschlichen Kommunikation auf – seine 5 Axiome.

1. Man kann nicht nicht kommunizieren

Man drückt immer etwas mit seinem Verhalten aus, ob es ein passives oder aktives Verhalten ist. Das Verhalten eines Individuums hat immer etwas mit seinem inneren Zustand und seinen derzeitigen Emotionen zu tun. Da immer Emotionen vorhanden sind, findet über das Verhalten auch ein ständiges Senden von Signalen statt.

2. Jede Kommunikation hat einen Inhalts- und einen Beziehungsaspekt

Jede Kommunikation hat die Aufgabe, Informationen zu transportieren. Durch Tonfall, Gestik und Mimik wird aber dabei auch immer etwas über die Beziehung zum Empfänger ausgesagt. Es gibt demnach keine rein informative Kommunikation. Beim Empfänger wird die Information entweder als positiv, negativ oder nichtssagend aufgefasst.

3. Kommunikation ist immer Ursache und Wirkung

Jeder Teilnehmer der Interaktion beeinflusst die Struktur der Kommunikation. Dabei gibt es auf einen Reiz stets eine Reaktion – eine sogenannte Verhaltenskette, die immer weitergeht. Man kann die Kommunikation demnach als kreisförmig bezeichnen ohne wirklichen Anfangs- und Endpunkt (siehe Schaubild: Wie Verhalten entsteht). Als Beispiel: Die Ehefrau beschwert sich, dass ihr Mann selten mit ihr ausgeht – der Mann hat keine Lust, mit seiner Frau auszugehen, weil diese sich immer beschwert ...

4. Menschliche Kommunikation bedient sich analoger und digitaler Modalitäten

Die digitale Ebene bedeutet das Vermitteln von Inhalt, beispielsweise Wissen und Logik durch das gesprochene Wort. Die analoge Vermittlung spielt sich auf der Beziehungsebene ab, beispielsweise nonverbal durch Lächeln oder Wegblicken. Analoge Kommunikation kann zweideutig sein und zu Missverständnissen führen. Beispiele hierfür sind Tränen der Freude und des Schmerzes. Ein Lächeln kann sympathisch, aber auch verächtlich gemeint sein.

5. Kommunikation ist symmetrisch oder komplementär

Bei einer symmetrischen Kommunikation sind die Partner auf der gleichen Ebene und bestrebt, diese auch beizubehalten. Es kommt ein Spiegeln des Verhaltens zustande. Eine komplementäre Kommunikation lebt von der Unterschiedlichkeit der Partner, meist ist der eine dem anderen überlegen. Sie ergänzen sich in ihrem Verhalten.

Durch die wissenschaftliche Betrachtung der menschlichen Kommunikation wird klar, dass wir uns wahrscheinlich selbst selten bewusst sind, was wir an Informationen transportieren. Meist lügen unsere Signale nicht, aber sie können eben auch missgedeutet werden. Das sollten wir im Hinterkopf behalten, wenn es

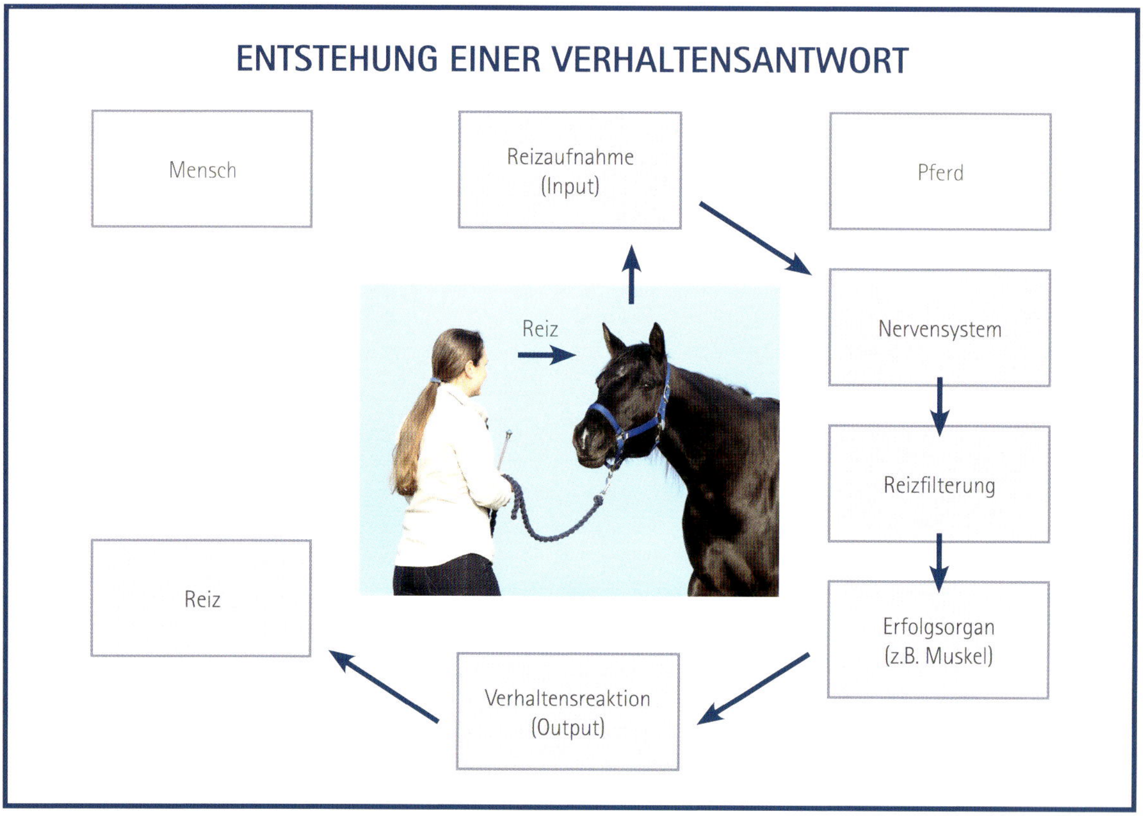

Abb. 1: Eine Verhaltensantwort entsteht, indem ein Umweltreiz (beispielsweise vom Menschen) über die Rezeptoren eines Sinneskanals aufgenommen und weitergeleitet wird. Über Nervenbahnen wird der Reiz bis ins zentrale Nervensystem geleitet und verarbeitet. Anschließend wird eine Information an das entsprechende Erfolgsorgan geschickt (beispielsweise einen Muskel). Das Erfolgsorgan führt eine Reaktion aus, die in der Verhaltensantwort sichtbar wird. Diese dient wiederum als Reiz für die Umwelt (den Menschen).

später um unsere klare Signalgebung und Informationsvermittlung gegenüber dem Pferd geht.

INTERSPEZIFISCHE KOMMUNIKATION IN DER NATUR

Wenn Tierarten in der Natur miteinander kommunizieren, geschieht das meist innerhalb einer sogenannten Symbiose oder dem Mutualismus. Der Unterschied ist, dass bei der Symbiose die Partner nicht getrennt voneinander lebensfähig sind, beim Mutualismus schon. Beide Partner haben etwas von dieser Beziehung. Wir kennen das Bild der Madenhacker auf dem Rücken der Nashörner: für den Vogel das Futter, für das Nashorn die Beseitigung lästiger Parasiten. Die Läuse melkenden Ameisen sind ebenfalls ein anschauliches Beispiel der Symbiose: Den Blattläusen wird der schmackhafte Nektar aus dem Leib gekitzelt, dafür beschützen die Ameisen die Läuse vor den gefährlichen Marienkäfern.

Manchmal fällt das Miteinander in der Natur aber auch einseitig aus, denkt man an Parasiten und ihre Wirte. Parasiten können durch Kommunikation, meist chemischer Art, das Verhalten ihrer Wirte so beeinflussen, dass sie selbst die einzigen Nutznießer sind. Entwicklungsstadien des kleinen Leberegels zum Beispiel dringen in das Nervensystem der Ameise ein, veranlassen diese, sich nach dem Erklettern eines Grashalmes in diesen zu verbeißen, so werden sie besser vom grasenden Rind aufgenommen, dem nächsten Wirt des Leberegels. Hier also eine sehr einseitige Form der Kommunikation und der Verhaltensbeeinflussung.

Informationsaustausch zwischen Tierarten ist nicht immer nur für eine Win-win-Situation wichtig, sondern dient auch der Warnung und Verteidigung. Das Abstecken von Reviergrenzen beispielsweise dient der Warnung. Einem Beispiel, dem einige von uns schon begegnet sein mögen, ist die urinierende Raubkatze im Zoo. In der Natur dient dieses Abgrenzen des Jagdreviers auch Eindringlingen und Jägern anderer Arten als Warnung.

Um das eigene Leben zu schützen, hat sich die Natur teilweise bizarre, aber von vielen Tierarten zu verstehende Signale einfallen lassen. Grelle Farben gelten in der Natur als giftig, egal ob in der Tier- oder Pflanzenwelt. Der Angreifer weiß in diesem Falle, dass er die Beute besser nicht fressen sollte. Es gibt aber auch vorsätzliche Täuschungen in der Natur. Diese allgemeine Regel der giftigen Signale nutzen manche Insekten, um zu kommunizieren, sie wären hochgiftig, obwohl dies gar nicht der Fall ist. Durch diesen Nachahmungseffekt – Mimikry genannt – verschaffen sie sich die gleichen Vorteile, wie die eigentlich giftigen Originale.

Aber wie sieht es mit der Kommunikation zwischen den »Tierarten« Mensch und Pferd aus?

KOMMUNIKATION ZWISCHEN MENSCH UND PFERD

Es ist also keineswegs selten, dass in der Natur zwischen Tierarten kommuniziert wird und beide Parteien einen Vorteil davon haben. Wie kann dies nun zwischen Pferd und Mensch aussehen? Grundsätzlich ist der Mensch ein Raubtiere und das Pferd ein Fluchttier. Ist es in diesem Zusammenhang überhaupt möglich, eine gerechte Kommunikation aufzubauen? Sieht das Pferd den Menschen als Raubtier, als Leitstute oder als Artgenossen? Als Artgenossen wohl eher weniger. Aber wir können es durch gute Beobachtungsgabe und durch ein gutes eigenes Körpergefühl tatsächlich schaffen, uns auf einer gemeinsamen Verständigungsebene, und wenn alles stimmt, auch über sehr feine Signale mit dem Pferd zu unterhalten. Der Inhalt der Verständigung darf natürlich nicht vermenschlicht werden. Es tut dem Menschen sicherlich gut, wenn er dem Pferd von seinen Alltagsproblemen erzählen kann, das Pferd nimmt allerdings von dieser Kommunikation hauptsächlich die Körpersprache und gegebenenfalls noch den Tonfall des Menschen wahr. Alles andere ist für das Pferd nicht von großem Informationswert.

Das Pferd reagiert seiner Natur nach auf feine soziale Reize in der Gruppe (Gestik, Mimik) oder auf Umweltreize, die eine Gefahr erkennen lassen, um gegebenenfalls schnell flüchten zu können (Geräusche, schnelle Bewegungen). Wenn wir wollen, dass es in uns einen Reizgeber sieht, der wichtige Informationen transportiert, dann müssen wir uns eher mit weniger Reizen verständlich machen, als mit zu vielen. Sonst gewöhnen wir das Pferd nur an ständig wiederkehrende Reize, wie eine dauernd erzählende Stimme oder einen andauernd treibenden Schenkel oder einen ständigen

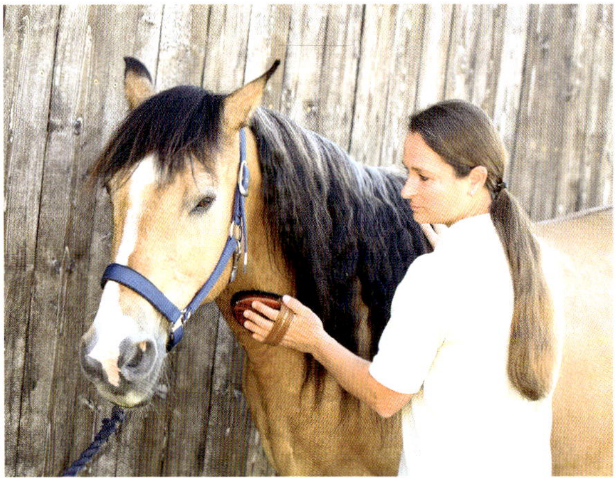

Auch wenn wir das Pferd nicht nur für sportliche Zwecke, sondern auch aus ganz anderen Motiven heraus »nutzen«, sollten wir immer darüber nachdenken, was das Pferd von dieser Situation hat. Eine Vermenschlichung wäre hier fehl am Platz!

Blick in die Augen usw. Wenn wir also fein kommunizieren wollen, müssen wir uns der Signale, die wir senden, bewusst werden.

Der Vorteil, den wir als Mensch gegenüber dem Pferd (und anderen Tieren) haben, ist, dass wir uns in ihr Denken und ihre Wahrnehmung zumindest zu einem gewissen Teil hineinversetzen können. Dieses Vermögen besitzt ein Tier andersherum nicht. Wir sind also diejenigen in dieser Beziehung, die sich anpassen und die dazulernen müssen, um uns in den vielfältigen feinen Formen der Kommunikation zu schulen, nicht das Pferd.

AM ANFANG STEHT DAS WISSEN

Für einen tiergerechten Umgang mit dem Pferd ist es notwendig, sich Wissen anzueignen über: die Wahrnehmung des Pferdes, sein Lernverhalten und seine natürlicherweise ablaufenden Kommunikationsformen. Das Pferd weiterhin als Tier mit ganz eigenen, natürlichen Bedürfnissen zu sehen, ist dabei einer der grundlegenden Pfeiler für die Verständigung. Die essentiellen Bedürfnisse nach Sozialkontakt, Bewegung und möglichst ständiger Raufutteraufnahme sind dabei nicht nur wissenswert, sondern können gar nicht getrennt von einem Streben nach pferdegerechter Kommunikation betrachtet werden. Indem wir das Pferd in unserer Obhut haben, sind wir gleichzeitig in der ethischen Pflicht, uns um dieses Geschöpf bestmöglich zu kümmern.

Neben dem faktischen Wissen, ohne das keine gute Haltung und Verständigung möglich ist, müssen wir als Mensch danach streben, unsere Kommunikationsform gegenüber dem Pferd zu schulen. Dazu gehört, unsere Wahrnehmung und Achtsamkeit gegenüber dem Verhalten des Pferdes, seiner Körpersprache und damit seiner Befindlichkeiten zu verbessern. Zusätzlich ist es ratsam, dass wir lernen, selbst ein besseres Körpergefühl zu gewinnen, damit wir annähernd die Feinheit in unserer Körpersprache erlangen, die ein Pferd besitzt. Zur Verbesserung der eigenen Körperwahr-

Dem Pferd eine möglichst optimale Haltung zu bieten, liegt in unserer Pflicht.

nehmung gehört nicht nur die äußere Haltung, sondern auch die innere Einstellung als Leitfigur. Mit der daraus resultierenden Körpersprache wird sich auch die damit verbundene gezielte Signalgebung verbessern. Unsere Kommunikation kann unmissverständlich, zielgerichtet und effektiv werden, und unsere Signale können dabei vom Pferd nicht nur wahrgenommen, sondern auch verstanden werden. So kann die Verständigung mit dem Pferd letztlich zu einer natürlichen Kommunikationsform werden, obwohl wir nicht zur selben Spezies gehören.

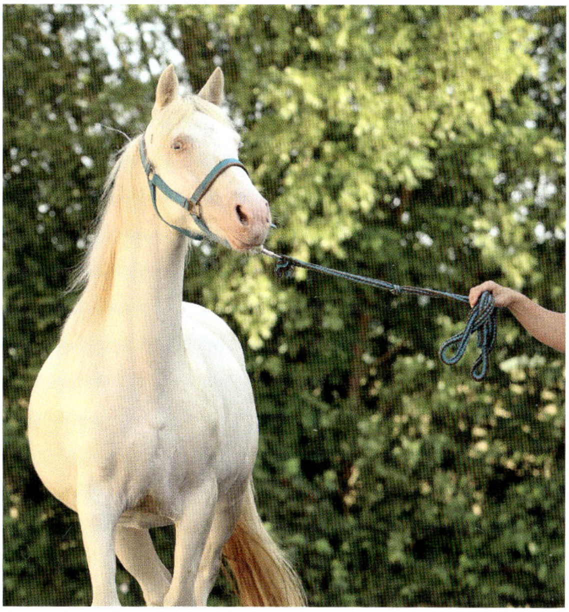

Wenn Situationen bereits negativ besetzt sind, ist es oftmals schwierig, diese wieder positiv zu besetzen.

NEUE WEGE GEHEN

Zur Verbesserung der Kommunikation ist nicht nur das Wissen über das Verhalten des Pferdes notwendig, sondern auch das über uns selbst. Selbstreflektiertes Handeln ist hierbei der Schlüssel. Der Mensch hat in seinem Verhalten gegenüber dem Pferd und in seinem Verhalten gegenüber anderen Menschen Erfahrungen und Lernprozesse durchlaufen. Diese prägen seine Einstellung und seine gezeigten Verhaltensmuster. Oft sind das Verhältnis und die Verständigung zwischen einem Mensch-Pferd-Paar auch festgefahren in diesen Gewohnheiten, und manchmal sogar in einer negativen Spirale. Aus diesen Mustern auszubrechen, gestaltet sich für den Menschen und auch das Tier oft schwierig.

Verhaltensmuster zu ändern, ist immer schwieriger, als wenn man einer Sache naiv begegnet, also ohne Vorerfahrung. Einen Bewegungsablauf komplett neu zu erlernen, ist oft einfacher, als ihn umzulernen. Denken wir beispielsweise an das Autofahren auf der linken Seite: Wie schwierig ist es, plötzlich alles spiegelverkehrt machen zu müssen. Oft lassen sich Probleme in der Kommunikation zwischen Mensch und Pferd genau aus diesen Gründen nicht immer einfach lösen. Dieser Zustand zwischen den alten Gewohnheiten, die man ändern möchte, und den neuen, die man dafür erlernen sollte, schafft oft Verwirrung. Aber dies gehört zum Prozess des Sich-Veränderns. Umlernen bedeutet, sich an ändernde Bedingungen und Situationen anpassen zu können. Dies ist nicht nur im Laufe der Evolution einer Tierart wichtig, sondern gerade während der Lebenszeit eines Tieres überlebenswichtig.

Auch wenn die Anpassung an neue Situationen für den Menschen heutzutage nicht mehr überlebenswichtig ist, sind diese Anpassungsfähigkeit und damit das Lernvermögen in uns doch tief verankert. Sich neue Abläufe – oder neue Einstellungen – anzueignen, ist nicht einfach, aber möglich. Zellulär ist dies so

Wenn sich zwei so verschiedene Arten wie Mensch und Pferd begegnen, müssen die Unterschiede und Gemeinsamkeiten herausgefunden werden.

erklärbar: Um umzulernen, müssen neue neurologische Verbindungen im Gehirn entstehen, oder nicht häufig genutzte neuronale Wege sich wieder stärken, um schneller und automatisierter zu funktionieren. Hierbei spricht man von neuronaler Bahnung. Neuronale Verbindungen bauen sich, je weniger sie genutzt werden, nach und nach ab. Dieses Phänomen im Gehirn (auch im Pferdegehirn) nennt man neuronale Plastizität. Um Verhaltensabläufe, deren Veränderung durch Lernen und deren Bedeutung für die Kommunikation zu verstehen, ist es wichtig, die Wahrnehmung von beiden – Mensch und Pferd – näher zu betrachten. Es bestehen hierbei sowohl Unterschiede als auch Gemeinsamkeiten zwischen Mensch und Pferd, die wir genauer unter die Lupe nehmen sollten.

UNTERSCHIEDE UND GEMEINSAMKEITEN VON MENSCH UND PFERD

Wir müssen uns darüber bewusst sein, dass es tatsächlich gravierende Unterschiede zwischen Mensch und Pferd gibt. Die Wahrnehmung und Verarbeitung von Reizen und das daraus resultierende Verhalten jedes Tieres und des Menschen haben sich zur bestmöglichen Anpassung an die jeweilige Umgebung entwickelt. So passt sich jeder durch sein Verhalten an die ökologische Nische an, in der er lebt: mit seiner sozialen Lebensweise, seiner Nahrungssuche und seiner Feindvermeidung. Jeder Organismus ist darauf spezialisiert, in seinem Lebensraum sehr gut klarzukommen, um seine Art zu erhalten. Das Pferd ist an weite Steppenlandschaften angepasst, mit guten Lungen für eine schnelle Flucht, einem Verdauungs-

Vielleicht gibt es mehr Gemeinsamkeiten zwischen Mensch und Pferd, als man denkt.

system passend zum rauen Steppengras, einer guten Fernsicht und einem guten Bewegungssehen zur Feindvermeidung. Wir Menschen fühlen uns dagegen sehr wohl in unseren vier Wänden, leben in komplexen sozialen Strukturen mit einer hoch entwickelten Kultur und müssen uns nicht mehr vor Fressfeinden schützen. Die soziale Intelligenz des Menschen ist in der Natur die am höchsten entwickelte. Zu dieser Entwicklung gehört auch, dass wir uns in das Denken anderer hineinversetzen können. Diese Fähigkeit wird bislang nur bei hoch entwickelten Primatenarten vermutet. Wir können also durch die Wissenschaft, aber auch durch das Vermögen der Empathie, bis zu einem gewissen Grad in den Kopf des Pferdes schauen, andersrum hingegen funktioniert dies nicht. In der Psychologie wird dieses Phänomen »theorie of mind« genannt.

Vielleicht gibt es aber auch mehr Gemeinsamkeiten zwischen Mensch und Pferd, als sich auf Anhieb feststellen lässt. Mensch und Pferd sind sozial lebende Wesen. Das Pferd in größeren, der Mensch eher in kleineren Familiengruppen. Das Seh- und Hörvermögen liegt nicht sehr weit auseinander, manche Dinge nehmen wir also ähnlich wahr. Die Funktionen und Strukturen des Gehirns sind weitestgehend gleich. Lernen und Abspeichern von Informationen im Gedächtnis laufen mit einer sehr hohen Wahrscheinlichkeit bei beiden ähnlich ab. Mensch und Pferd können Emotionen empfinden, die sie dazu anhalten, Dinge, die für sie angenehm sind, öfter zu tun, und unangenehme Situationen zu meiden. Eine wichtige Gemeinsamkeit aber, die es uns tatsächlich möglich macht, sich zu verständigen, ist, dass beide non-verbal, also über Körpersprache, Gestik und Mimik, kommunizieren können.

»THEORIE OF MIND«

Diese Form der sozialen Intelligenz gibt dem Menschen die Fähigkeit, sich in ein anderes Individuum hineinzuversetzen. Von anderen Individuen Ansichten, Absichten, Wünsche und Bewusstseinszustände zu erkennen und diese mit den eigenen zu vergleichen, hat den Vorteil, Handlungen anderer vorhersehen und erklären zu können. Wenn man die Wünsche eines anderen nachempfinden kann, werden die Handlungen und das Verhalten, das daraufhin folgt, nachvollziehbar.

WAHRNEHMUNG und VERHALTEN

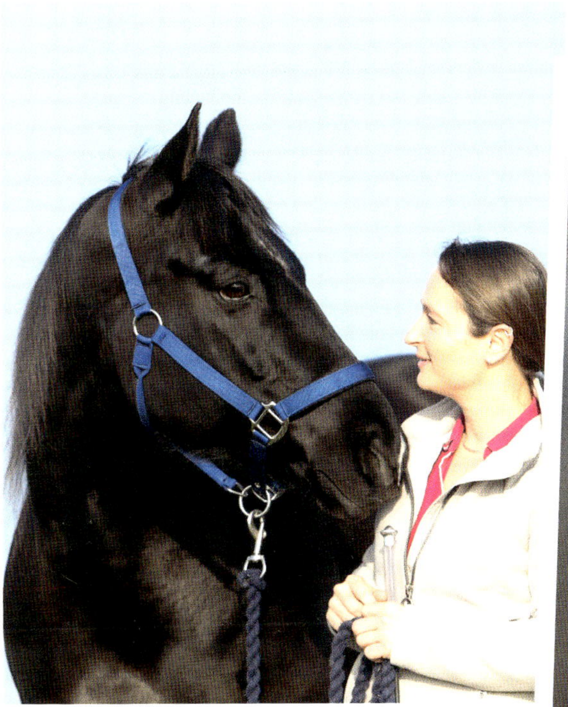

Wahrnehmung: Das Pferd nimmt über verschiedene Sinneskanäle seine Umwelt, seine Artgenossen und den Menschen wahr. Um sein Verhalten zu verstehen, ist es wichtig zu wissen, wie es Reize aufnimmt und verarbeitet.

Jedes Tier und auch der Mensch ist durch speziell ausgeprägte Sinnesleistungen optimal an die Umgebung angepasst, in der er unter natürlichen Bedingungen lebt – an sein Habitat. Die Sinnesmodalitäten des Pferdes sind spezialisiert auf das Leben in weitläufigen offenen Gebieten. Die Wahrnehmung des Fluchttiers Pferd ist vor allem angepasst an das Erkennen von Raubfeinden. Da das Pferd auch ein sozial lebendes Tier ist, kann es ebenso über unterschiedliche Sinneskanäle soziale Reize der Artgenossen wahrnehmen, die der Kommunikation dienen. Die Art, wie ein Tier die Umgebung um sich herum wahrnimmt, beeinflusst sein gesamtes Verhalten. Aus diesem Grund ist es besonders wichtig, wenn man das Pferd in seinem Verhalten verstehen will, seine Wahrnehmung zu betrachten. Manche Reaktionen des Pferdes sind aus unserer Sicht auf den ersten Blick nicht verständlich oder sogar »unnötig«. Um uns besser in die Wahrnehmung des Pferdes hineinversetzen zu können, muss uns immer wieder klar werden, dass die gesamte Physiologie des Pferdes auf die eines Hochleistungs-Fluchttieres spezialisiert ist.

SINNESSYSTEME

Modalität	Reiz	Rezeptoren	Spezifischer Rezeptor
Sehen	Licht	Photorezeptor	Stäbchen, Zapfen
Hören	Schallwellen	Mechanorezeptor	Haarsinneszellen der Cochlea
Gleichgewicht	Kopfbewegung	Mechanorezeptor	Haarsinneszellen in den Bogengängen des Gleichgewichtsorgans
Fühlen	mechanisch, thermisch, noxisch, (chemisch)	Mechanorezeptor, Thermorezeptor, Nozizeptor, Chemorezeptor	Neuronen in den Spinalganglien
Schmecken	chemisch	Chemorezeptor	Geschmacksknospen
Riechen	chemisch	Chemorezeptor	Geruchsrezeptoren (Primäre sensorische Neuronen)

Abb. 2: Sinnessysteme bei Säugetieren (nach Kandel 1996).

Die Sinne der Säugetierarten sind im Detail zwar unterschiedlich, aber bestimmte Merkmale haben sie gemeinsam. Grundsätzlich sind die wichtigsten Merkmale der Sinneswahrnehmung, die Modalität, über den ein Reiz wahrgenommen wird, die Intensität, die Dauer und die Lokalisation des Reizes. Jede Sinnesmodalität nimmt einen bestimmten physikalischen Reiz über einen speziellen Rezeptortyp auf. Beispielsweise nimmt das Auge Licht über die Photorezeptoren – Stäbchen und Zapfen – auf und verwandelt die physikalische in neuronale Energie um. So entsteht im Gehirn die Wahrnehmung des Sehens.

WAHRNEHMUNG

Wahrnehmung bezeichnet die Aufnahme (Perzeption) von Reizen aus der Außenwelt oder aus dem inneren des Körpers (Extero-/Interozeption). Nach der Aufnahme über Sinnesmodalitäten, die mit spezifischen Rezeptoren ausgestattet sind, werden die Reize bewusst oder unbewusst gefiltert und verarbeitet und zu subjektiven Gesamteindrücken zusammengesetzt.

OPTISCHER SINN

a) SICHTFELD MENSCH

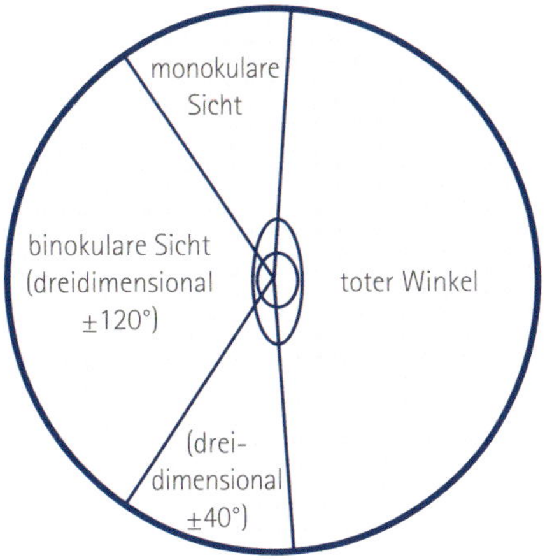

b) SICHTFELD PFERD AUFSICHT

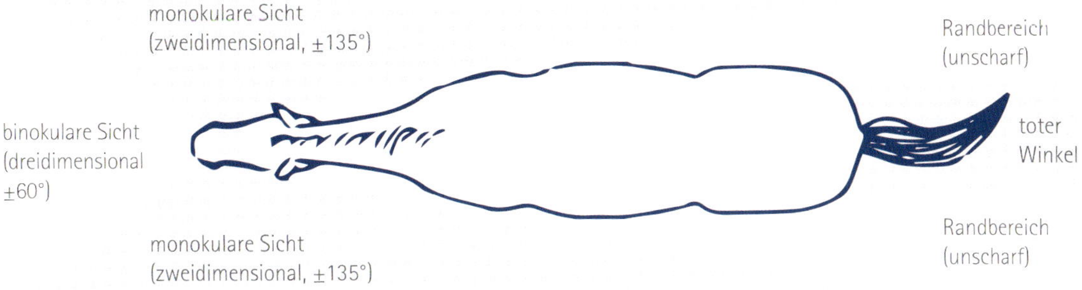

c) SICHTFELD PFERD

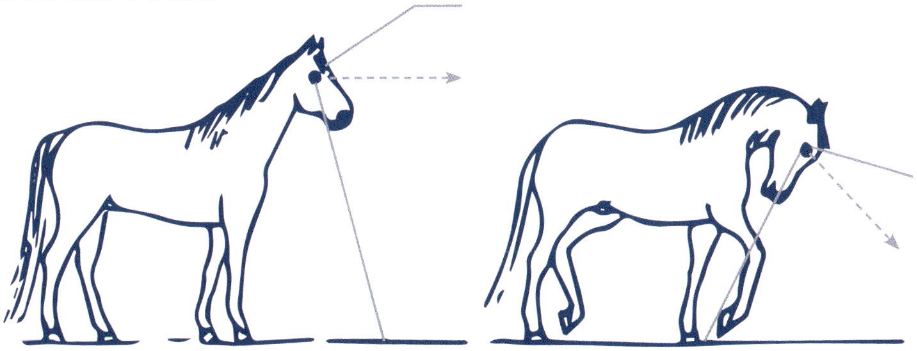

Abb. 3: Pferd und Mensch besitzen ein unterschiedliches Sichtfeld. Der Mensch nimmt seine Umgebung fast komplett dreidimensional wahr (a), das Pferd hingegen zum größten Teil zweidimensional – mit einem Auge (b). Wenn das Pferd den Kopf stark gesenkt hält, sieht es nur noch den Bereich direkt vor seinen Vorderhufen (c). Wenn das Pferd im Gelände über unebenen Boden gehen oder über Stangen treten soll, ist es wichtig, dass man ihm die Sicht darauf ermöglicht (Quelle: www.smarthorses.com).

OPTISCHER SINN

Bewegungssehen und Tiefenschärfe

Das Sehen ist für das Pferd eine der wichtigsten Sinneseindrücke, wenn es um das Überleben in freier Wildbahn geht. Mit seinen seitlich angeordneten Augen besitzt es fast eine Rundumsicht. Anders als beim Menschen wird beim Pferd der größte Bereich des Sichtfeldes durch das monokulare Sehen (das Sehen mit einem Auge) abgedeckt. Seine Umgebung fast komplett zu sehen, ist seiner Lebensweise als Fluchttier hervorragend angepasst. Nur wenn das Raubtier früh genug erkannt wird, ist eine Flucht möglich. In einem kegelförmigen Bereich direkt vor ihm, wo sich die Sehfelder der Augen überschneiden, besitzt das Pferd die Fähigkeit zum binokularen und damit dreidimensionalen Sehen (siehe Abb. 3b). Nur in diesem Bereich sind die Tiefenwahrnehmung und damit das Abschätzen von Abständen möglich. Wenn ein unbekanntes Objekt seitlich auftaucht, kann man beobachten, dass Pferde es nach dem Entdecken prüfen, indem sie den Kopf in diese Richtung wenden, um es dreidimensional wahrzunehmen. Das Pferd nimmt so das Objekt »in Augenschein« und kann in diesem Augenblick erst abschätzen, wie weit es sich von ihm weg befindet. Dies können wir selbst gut nachvollziehen, wenn wir uns ein Auge zuhalten. Zweidimensional ist es uns nicht mehr möglich, die Tiefe im Raum wahrzunehmen und Abstände genau zu erkennen.

Das Sehen des Pferdes ist an ein gutes Bewegungssehen angepasst. Schnelle Bewegungen werden besser wahrgenommen als langsame. Sich am Boden bewegende Objekte werden schneller erfasst, als seitlich auftauchende. Auch diese physiologische Eigenschaft ist der Feindvermeidung geschuldet. Ein Raubtier würde sich erst auf Bodenniveau anpirschen und in einer schnellen Bewegung zum Angriff ansetzen. Aus diesem Grund müssen wir uns nicht wundern, wenn sich das Pferd auch mal vor einem wehenden Grasbüschel erschreckt, selbst wenn es die Geländestrecke schon sehr gut kennt. Auf solche Reize zu achten, kann in freier Wildbahn über Leben und Tod entscheiden.

Aus welcher Richtung das Pferd ein Objekt wahrnimmt, spielt demnach eine entscheidende Rolle. Reize in Bodennähe von schräg hinten lösen beim Pferd am wahrscheinlichsten eine Fluchtreaktion aus. Man konnte bereits in Studien feststellen, dass selbst, wenn das Pferd mit etwas beschäftigt ist (etwa einem Futterball), Schreckreize von unten eher wahrgenommen werden als jene, die an der Seite auf Buggelenkshöhe präsentiert werden. Alles was sich auf dem Boden verändert, zieht die Aufmerksamkeit des Pferdes auf sich, bis hin zu Fluchtreaktionen (Hall und Cassaday 2006). Dies kennen wir auch, wenn sich die Bodenstruktur ändert, das Pferd beispielsweise auf eine Plane oder die Anhängerklappe treten soll.

Das Pferd hat für die verbesserte Wahrnehmung von Bodenreizen sogar eine spezielle Struktur auf der oberen Hälfte der Netzhaut: das Tapetum lucidum. Dieses reflektiert das Licht aus Bodenrichtung stärker und erhöht so die Sensitivität der Wahrnehmung (Olivier et al. 2004). Die Corpora nigra, eine Struktur oberhalb der Pupille, sorgt dafür, dass von oben einfallendes Licht eher abgeschirmt wird. Auch Lernversuche zeigen, dass Aufgaben, bei denen Pferde Symbole unterscheiden sollten, auf Bodenniveau besser gelernt werden, als wenn die Symbole auf einer Höhe von 50 cm angebracht waren (Hall et al. 2003). Es ist also

Erst wenn ein Objekt mit beiden Augen wahrgenommen wird, kann das Pferd seinen Abstand abschätzen. Sind Ohren und Augen des Pferdes auf ein bestimmtes Objekt gerichtet, gilt diesem die volle Aufmerksamkeit.

sinnvoll, auch beim Stallbau darauf zu achten, dass die Bodenstruktur und die Farben, die eingesetzt werden, nicht zu kontrastreich gewählt werden. Damit kann man vermeiden, dass Pferde, die neu in den Stall kommen, weniger unsicher sind oder sich erschrecken. Auch wir sollten unsere Signale und uns selbst so platzieren, dass das Pferd uns bestmöglich wahrnehmen kann. Um ein Erschrecken des Pferdes zu vermeiden, ist die Annäherung von schräg vorne am sinnvollsten.

Farbensehen

Das Pferd ist ein Dichromat und besitzt auf der Netzhaut zwei Zapfentypen zum Farbensehen – blaue und grüne Zapfen. Es sieht damit im blauen bis gelben Bereich. Der Mensch besitzt im Gegensatz dazu als Trichromat drei Zapfentypen (außerdem noch den roten Zapfentyp) und sieht zusätzlich Farben im roten und grünen Bereich. Man kann sich das Sehen des Pferdes wie das eines rot-grün-blinden Menschen vorstellen. Man hat festgestellt, dass Pferde die Wellenlängen Gelb (535 nm) und Blau (429 nm) am besten voneinander unterscheiden können.

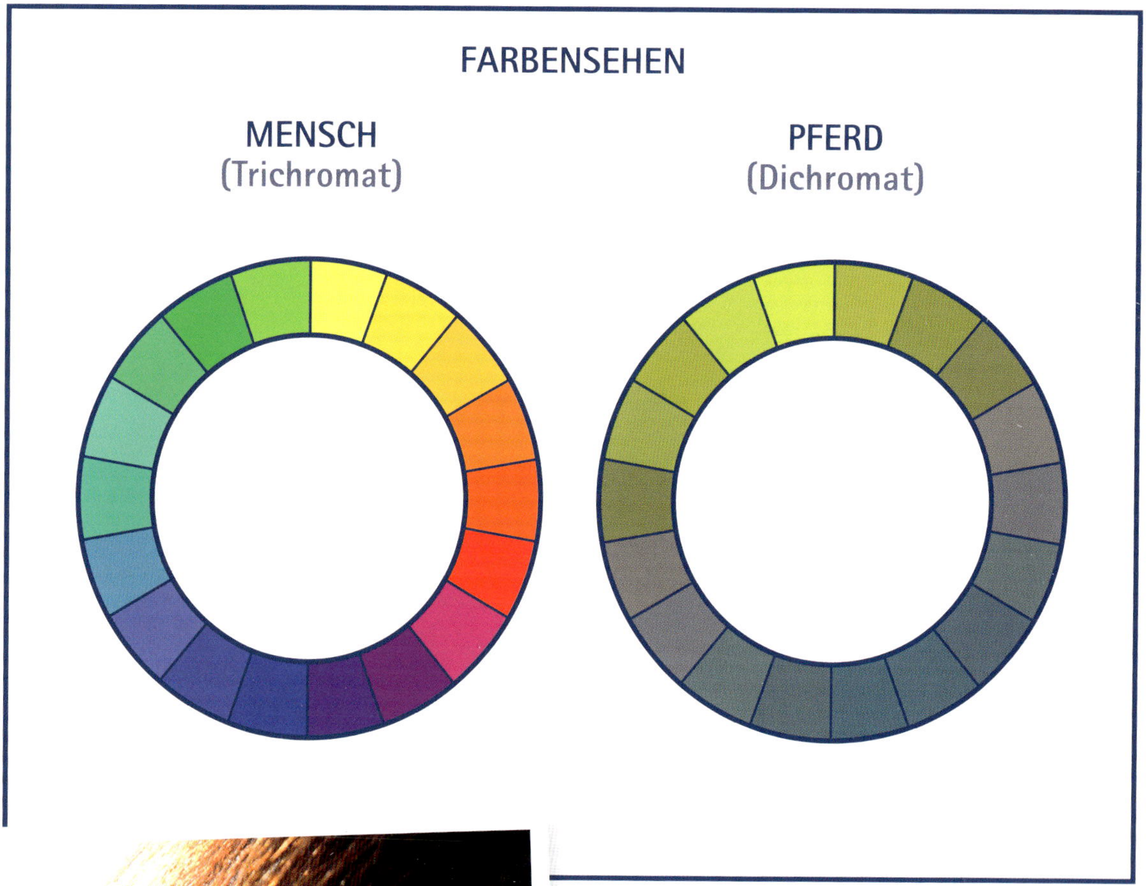

Abb. 4: Mensch und Pferd haben eine unterschiedliche Farbwahrnehmung (nach Carroll et al. 2001).

Dämmerungssehen

Das schon erwähnte Tapetum lucidum verstärkt ebenso das schwache Licht der Dämmerung auf der Netzhaut. Pferde sehen also in der Dämmerung und in der Nacht besser als der Mensch. Diese Eigenschaft macht es ihnen möglich, gerade im Schutz der Dämmerung und nachts jagende Raubfeinde noch gut zu erkennen. So kommt es, dass Pferde auch noch nachts den Koppelzaun wahrnehmen oder dazu in der Lage sind, uns bei einem zu spät gewordenen Ausritt, sicher nach Hause zu bringen.

Lateralität – linkes und rechtes Auge

Da das Pferd auf beiden Seiten ein großes monokulares Sichtfeld hat, ist es gut möglich, dass es manche Dinge nur mit einer Seite wahrnimmt. Dies passiert besonders in Situationen, wenn wir das Pferd beispielsweise in der Bahn reiten und es nicht die Möglichkeit hat, einen Gegenstand mit beiden Augen gleichzeitig, also binokular, zu betrachten.

Beim Menschen und auch beim Pferd verhält es sich so, dass alle sensorischen Eingänge, die mit der linken Körperhälfte wahrgenommen werden, in der rechten Gehirnhälfte verarbeitet werden. Auf der rechten Seite des Gehirns werden diese Informationen eher emotional verarbeitet. In der linken Gehirnhälfte hingegen, in der die Eingänge der rechten Körperhälfte verarbeitet werden, werden die Informationen eher rational verarbeitet. Lange Zeit dachte man, das Pferd besäße nicht die Fähigkeit, auf einer Seite gesehene Dinge auf die andere Seite zu übertragen. Diese Übertragung wurde aber inzwischen erwiesen. Über den sogenannten Corpus callosum (den Balken) werden die Informationen zwischen den Hemisphären ausgetauscht (Krüger 2011). Dieser intraokulare Transfer konnte auch in einer Studie nachgewiesen werden, in der Pferde einen Lerntest absolvierten, bei denen

Das Pferd reagiert bei unbekannten Gegenständen von links häufig heftiger. Das liegt daran, dass alle sensorischen Eingänge von links in der rechten Gehirnhälfte eher emotional verarbeitet werden, als auf der linken, rationalen Gehirnhälfte. Diese Verarbeitungsform von Reizen funktioniert auch beim Menschen auf diese Weise.

eines ihrer Augen abgedeckt war. Sie konnten das Gelernte anschließend ebenso abrufen, als sie den Test mit dem anderen Auge absolvierten (Hanggi 1999). Wenn das Pferd sich also vor der Decke, die über der Bande hängt, von links mehr erschreckt als von rechts, hat das nichts mit der Unfähigkeit zu tun, die Informationen übertragen zu können, sondern mit der unterschiedlichen Verarbeitung im Gehirn.

LATERALITÄT

Es ist erwiesen, dass die Fluchtdistanz des Pferdes höher ist auf Reize, die von der linken Seite wahrgenommen werden (Austin und Rogers 2007). Diese sensorische Lateralität erhöht sich, wenn das Pferd unter Stress steht (Krüger et al. 2011).

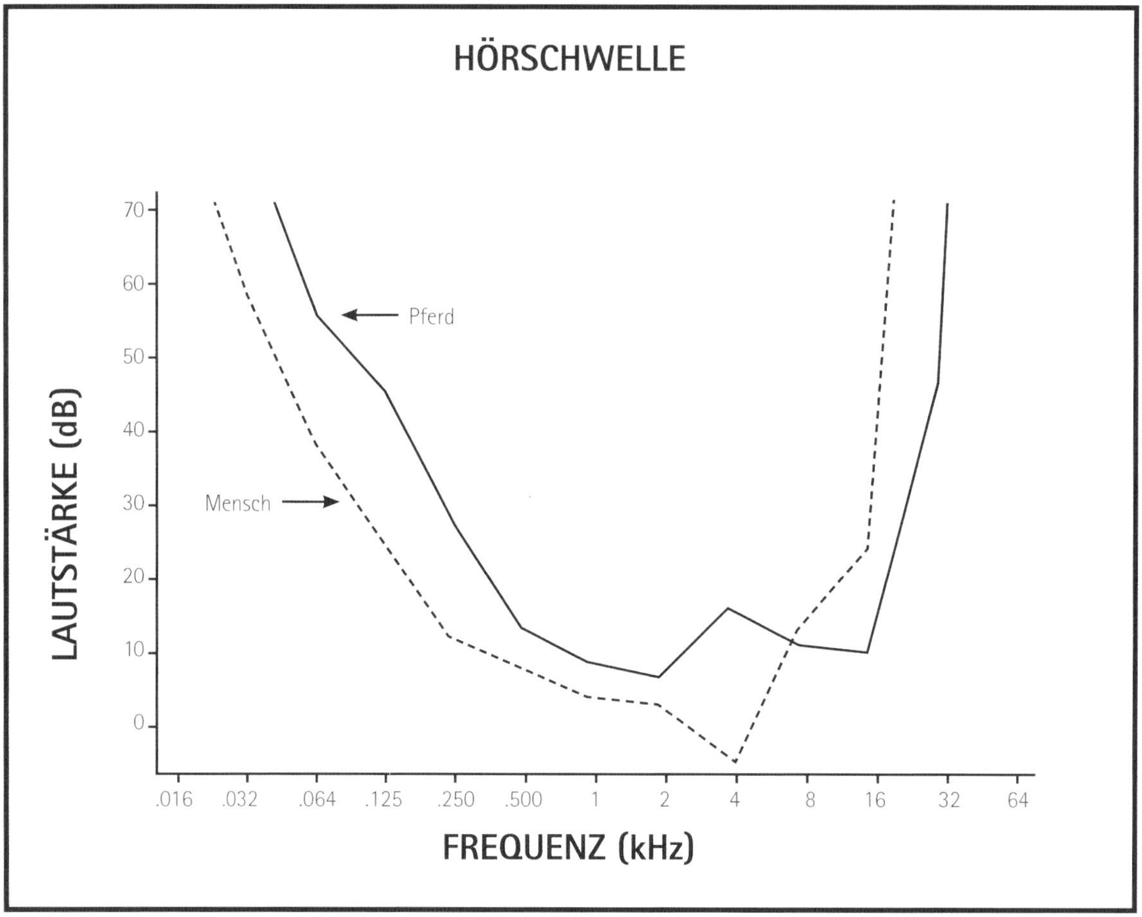

Abb. 5: Der Hörbereich von Mensch und Pferd ist gar nicht so verschieden. Das Pferd hört allerdings in höheren Frequenzbereichen besser, der Mensch eher in tieferen und mittleren Frequenzen (nach Heffner und Heffner 1984).

MECHANISCHE SINNE

Zu den mechanischen Sinnen gehören das Hören und das Fühlen. Die Rezeptoren dieser Sinnesmodalitäten nehmen die Umweltsignale mechanisch über das Auslenken von Haarsinneszellen auf. Im Ohr befinden sich diese Haarsinneszellen in der Cochlea – der Gehörschnecke – in flüssigem Medium, der Endolymphe. Die Druckrezeptoren der Haut hingegen sind direkt mit der Außenwelt verbunden.

Hörsinn

Das Pferd hört in einem Bereich von 55 Hz bis 33,5 kHz (Thiel 2007), der Mensch zwischen 16Hz und 20kHz (Müller et al. 2015). Die meisten Lautäußerungen des Pferdes finden zwischen 2 und 5 kHz statt, in diesem Bereich hört das Pferd besonders gut. Die Fernwahrnehmung von Reizen über den Hörsinn ist sehr gut ausgeprägt. Geräusche können aus bis zu 4000 m Entfernung noch erkannt werden. Die Ohren des Pferdes sind sehr beweglich. Es können sich beide Ohren auf eine

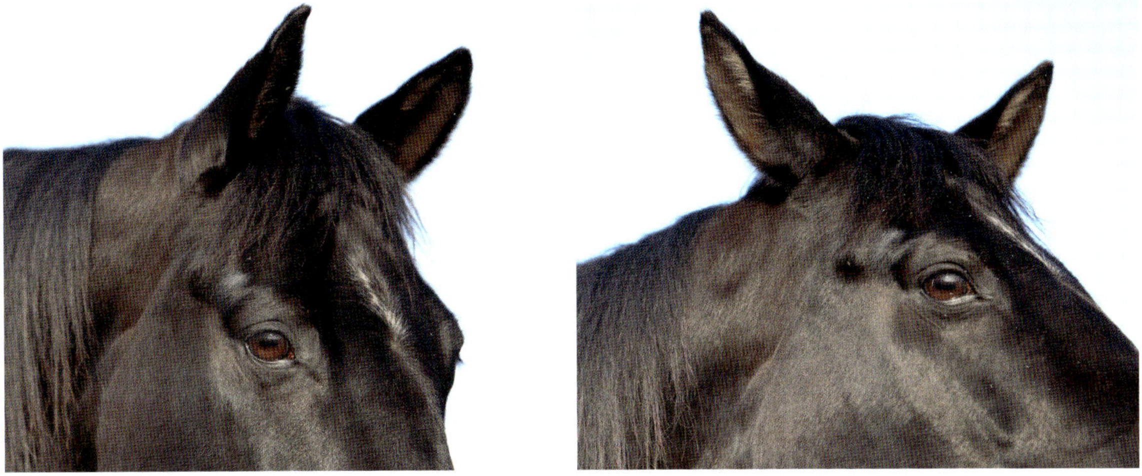

Die Ohren des Pferdes sind sehr beweglich und lassen damit eine Rundum-Wahrnehmung zu. Man erkennt deutlich an den Ohrmuscheln, in welche Richtung die Aufmerksamkeit des Pferdes gerichtet ist.

Hat etwas die Aufmerksamkeit des Pferdes erregt, werden beide Ohrmuscheln darauf gerichtet und der Blick wendet sich dem Ereignis zu. So können alle relevanten Informationen über Gehör und Sicht aufgenommen werden. Durch den Blick zum Objekt wird dieses binokular und somit mit Tiefenschärfe wahrgenommen.

Geräuschquelle fokussieren, oder die Ohrmuscheln drehen sich in verschiedene Richtungen und können gleichzeitig verschiedene Geräuschquellen wahrnehmen (Blendinger 1988). Da die Ohrmuscheln sich in einem Winkel von 180° drehen können, ist die Lokalisation von Geräuschquellen damit besonders gut. Das Ohr ist zudem noch am Gleichgewichtssinn beteiligt. Das sich im Innenohr befindliche Labyrinth ermöglicht das Wahrnehmen von Gleichgewicht, Rotation und Schwerkraft.

Die Maulpartie mit den beweglichen Lippen ist besonders empfindlich auf Berührung. Die Lippen dienen als Tastorgan für die direkte Umgebung, das Pferd kann mit ihnen sehr geschickt Futter aussortieren.

Tastsinn

Die Haut als größtes Organ schützt das Pferd vor äußeren Einflüssen wie Schmutz, Keimen, Bakterien und Parasiten sowie vor Verletzungen und Umwelteinflüssen wie UV-Strahlung und Regen. Die Haut fungiert ebenso als Regulationsorgan für den Temperaturhaushalt und den Stoffaustausch. Beim Schwitzen gibt sie Stoffe ab (Kalium, Natrium, Chlorid, Calcium, Magnesium, Harnsäure und Proteine) und nimmt aus der Umwelt Stoffe auf (Blei, Eisen, Schwefel, Zink, Kupfer). Sie bildet das wichtige Vitamin D unter Einwirkung des Sonnenlichts (Westernmann 2013).

Die Temperaturregelung erfolgt durch die Schweißabgabe über die Haut zur Kühlung, und das Aufstellen der Härchen schützt vor Kälte. Im Schweiß sind zusätzlich noch Geruchssignale enthalten, die den Pferden zum Informationsaustausch dienen.

Die Haut ist aber ebenfalls ein wichtiges Sinnesorgan und dient der Wahrnehmung von Reizen. Berührung, Schmerz sowie Wärme und Kälte werden über die Haut wahrgenommen. Über Haare und Vibrissen (Tasthaare) in Verbindung mit Druckrezeptoren werden diese Reize über Nerven ins Gehirn weitergeleitet. In Deutschland ist im Gegensatz zu anderen Ländern das sogenannte »Clippen«, das Abrasieren der Vibrissen, verboten. Pferde, denen die Tasthaare am Maul und an den Augen entfernt wurden, ist es nicht mehr möglich, aus einem Futtertrog zu fressen, ohne sich ständig anzuschlagen. Die Vibrissen dienen als Abstandsensoren in dem Bereich um das Maul, in dem das Pferd nichts sieht.

Die langen Tasthaare am Maul (Vibrissen) sind ein wichtiger Nahsinn des Pferdes. Durch das Auslenken (Bewegung) dieser Haarsinneszellen wird das Signal an die Nervenfasern weitergeleitet.

Mit dem Speichel beginnt die empfindliche Verdauung des Pferdes. Das Speicheln und der damit verbundene entspannte Unterkiefer des Pferdes gelten als Zeichen der Entspannung.

ANZAHL DER GESCHMACKSKNOSPEN

Abb. 6: Tierarten besitzen unterschiedlich viele Geschmacksknospen. Je nachdem, wie wichtig ein Sinn für das Überleben ist, umso ausgeprägter ist er. Das feine Unterscheiden von bekömmlichen und giftigen Pflanzen ist für den Dauerfresser Pferd besonders wichtig (Quelle: www.phytobiotics.com). Ein Pferd hat 35 000 Geschmacksknospen.

CHEMISCHE SINNE

Geschmackssinn

Der Geschmackssinn des Pferdes ist deshalb ein chemischer Sinn, weil in Flüssigkeit gelöste Stoffe durch die Geschmacksknospen auf der Zunge erkannt und eingestuft werden. Er gehört zu den sogenannten Nahsinnen des Pferdes, mit denen es seine nähere Umgebung erkundet, und ist bei Pferden sehr gut ausgeprägt. Das Pferd besitzt auf der Zunge etwa 35 000 Geschmacksknospen, der Mensch 9000 und der Hund 1500. Mit dem Geschmackssinn kann die Genießbarkeit des Futters oder des

Über das Flehmen nimmt das Pferd Pheromone von Artgenossen wahr.

Wassers überprüft werden, und es können verschiedene Geschmäcker von Futter unterschieden werden. Man hat herausgefunden, dass Pferde bestimmte Aromen bevorzugen, wie das Aroma des Bockshornklees (Goodwin et al. 2005). Diese wissenschaftliche Erkenntnis soll nicht dazu führen, dass das Kraftfutter damit versetzt und noch schneller gefressen wird, sondern kann helfen, beispielsweise eine notwendige Medikamentengabe zu verbessern, indem man das Trägerfutter schmackhafter macht. Aber da Geschmäcker ja bekanntlich verschieden sind, kann man hier davon ausgehen, dass die favorisierten Aromen auch bei Pferden individuell variieren.

Geruchssinn

Das Riechen dient zum einen der Fernwahrnehmung und Orientierung sowie im Nahbereich der sozialen Kommunikation. Pferde können über Kilometer entfernte Geruchsinformationen aufnehmen und somit Gefahren erkennen (Engelhardt und Breves 2005). Über den Geruchssinn können sie außerdem Wasser über hohe Entfernungen wittern (Binder 1994). Pferde scheinen sich nicht an Gerüche zu gewöhnen, nehmen also Gerüche immer wieder aufs Neue wahr (Westernmann 2013). Je höher die Duftstoffkonzentration, desto intensiver wird der Geruch wahrgenommen, es findet hier keine Adaptation statt.

Wie wichtig die olfaktorische Wahrnehmung für Pferde ist, erkennen wir am Untersuchen unbekannter Personen oder Gegenstände über den Geruch. Wir selbst sollten, wenn wir mit dem Pferd arbeiten, darauf verzichten, künstliche Gerüche, wie z.B. Parfüms, an uns zu tragen.

Pferde besitzen, besonders für die soziale Kommunikation und das Wahrnehmen von feinsten Duftstoffkonzentrationen, das Jakobsonsche Organ. Dieses befindet sich etwa bleistiftgroß in den Nasenhöhlen des Pferdes und nimmt Pheromone über eine Mischung aus Riechen und Schmecken wahr. Pheromone sind feinste Duftmoleküle, die nur intraspezifisch (innerhalb der Art) zur Kommunikation dienen. Man unterscheidet hierbei, ob eine Verhaltensänderung beim Empfänger ausgelöst wird (Releaser), oder ob eine physiologische Veränderung beim Empfänger erfolgt (Primer), beispielsweise in der eigenen Hormonausschüttung.

Besonders bei der sozialen Kommunikation spielen Gerüche und Pheromone eine Rolle, etwa bei der Paarungsbereitschaft der Stute. Dabei kann der Hengst den Zyklusstand der Stute erkennen. Hengste beriechen den Kot, da sie darüber den Geruch des Konkurrenten wahrnehmen, und setzen anschließend zur Revierabgrenzung ihren eigenen Kot darüber. Gruppenmitglieder werden zu einem großen Anteil anhand des Geruches identifiziert. Die Mutter-Kind-Prägung von Stute und Fohlen erfolgt auch über das gegenseitige Beriechen.

Gerüche spielen ebenfalls eine wichtige Rolle bei der Wahrnehmung von Emotionen: Angstschweiß riecht beispielsweise anders als der einer reinen körperlichen Anstrengung.

Die Emotionsübertragung über den Geruch wird besonders deutlich, wenn man versucht, ein Pferd zu verladen. Wurde in diesem Anhänger kurze Zeit zuvor von einem gestressten Pferd Kot abgesetzt, wird das Pferd nur sehr ungern den Anhänger betreten, denn dieser Geruch signalisiert Gefahr. Wir selbst können den Unterschied deutlich wahrnehmen, wie deutlich muss er dann erst für das Pferd sein. Hier ist es durchaus sinnvoll, den Anhänger zu reinigen und gegebenenfalls Einstreu aus der heimischen Box zu verwenden. Diese riecht gewohnt und wird nicht mit Gefahr assoziiert.

ORIENTIERUNG IM MAGNETFELD

Wer schon einmal die Orientierung beim Ausreiten im Wald verloren hat, dem wird es nicht neu sein, dass Pferde genau wissen, welche Richtung sie einschlagen müssen, um zum Heimatstall zurückzukommen. Dieser Orientierungssinn funktioniert auch, wenn man sich mit dem Pferd während des Ausrittes an einem Ort befindet, an dem es vorher noch nie gewesen ist. Umstritten ist aber noch, an was sich Pferde dabei genau orientieren.

Bei anderen Tierarten wurde die Orientierung im Magnetfeld schon nachgewiesen. Zugvögel orientieren sich im magnetischen Feld höchstwahrscheinlich durch eine Struktur auf der Netzhaut. Meeresschildkröten finden über diesen Orientierungssinn noch nach Jahren die Stelle ihres eigenen Schlüpfens. Bei Rindern wurde über die Auswertung von zahlreichen Satellitenbildern festgestellt, dass sich die meisten von ihnen beim Grasen und Ruhen an der Nord-Südachse orientieren (Fritsche 2013). Wie genau dieser physikalisch hoch spezialisierte Sinn funktioniert, wird auch in der Wissenschaft noch kontrovers diskutiert. Beim Pferd könnte man von diesem Wahrnehmungssinn ebenfalls ausgehen, es gibt aber hierzu noch unzureichend wissenschaftliche Studien.

FÜR WELCHE KOMMUNIKATIONSREIZE SIND PFERDE EMPFÄNGLICH?

Das Pferd nimmt also rein physiologisch viele Außenreize wahr. Wenn wir eine feine Kommunikation anstreben, muss das Pferd zunächst unsere Signale wahrnehmen können und ihre Bedeutung verstehen. Betrachten wir zunächst, welche Reize bei Pferden untereinander eine Rolle in der Kommunikation spielen.

Ein Teil der natürlichen Kommunikation der Pferde untereinander läuft über akustische Signale. Dabei gibt es ganz verschiedene Formen der Lautäußerungen. Es gibt ein lautes, suchendes Wiehern, das über eine hohe Distanz hörbar ist, oder das freudige Begrüßungswiehern. Der Hengst wiehert gegenüber der Stute eher inbrünstig, oft gefolgt von quietschenden Lauten. Stuten quietschen auch nach dem ersten Beschnuppern des Hengstes. Pferde können zart »blubbern«, wenn sie sich begegnen, oder vor Freude quieken und bocken. Durch das Ausstoßen von Luft sind über die Nüstern ebenfalls unterschiedlichste Laute möglich. Das Schnorcheln zeigt einen erhöhten Erregungszustand oder Skepsis vor einem unbekannten Objekt. Lautes Ausprusten über die Nüstern, meist in Verbindung mit erhobenem Kopf und Schweif, zeigt den Artgenossen eine hohe Alarmbereitschaft. Pferde können auch Laute mit ihren Hufen erzeugen, durch Scharren oder das Aufstampfen der Vorderhufe, wie beim Imponiergehabe des Hengstes etwa. Wir sehen also, dass die Kommunikation der Pferde keineswegs nur still funktioniert.

Den größten Teil der Kommunikation untereinander machen sicherlich die sozialen Signale über die Körpersprache der Gestik und Mimik aus. Durch das Wahrnehmen feiner körperlicher Spannungen untereinander synchronisiert sich die Herde. Ist allgemeine Alarmbereitschaft durch die Körpersprache der Artgenossen geboten oder sind diese entspannt? Die Rangordnung wird über die optischen Droh- und Beschwichtigungsgesten erkennbar, etabliert und aufrecht erhalten.

Durch das Fühlen von Berührung, Druck und Schmerz, durch einen Biss oder Tritt, werden ebenfalls Informationen ausgetauscht. Hat das optische Drohsignal nicht gereicht, muss der Empfänger die Information, zu weichen, eventuell auch fühlen. Aber auch positive soziale Interaktionen werden über die Berührung ausgetauscht. Das gegenseitige Fellkraulen stärkt die Bindung zwischen einzelnen Tieren und hält die Gruppe zusammen. Oft beobachten wir bei neuen Integrationen in unserer Herde, dass die Herdenmitglieder untereinander, wenn ein neues Pferd hinzukommt, durch häufiges gegenseitiges Fellkraulen, ihre Bindung besonders stärken oder womöglich auch zur Schau stellen.

Geruch spielt unter Pferden eine große Rolle. Sie erkennen ihre Artgenossen und uns Menschen mitunter am Geruch. Wie schon erwähnt, spielt sich in der Fortpflanzung vieles über die Wahrnehmung von Pheromonen ab, die etliche Signale auch unbewusst vermitteln. Durch Beriechen prägt sich die Mutter den Geruch des Fohlens ein. Die erste Annäherung unter fremden Pferden geschieht über das gegenseitige Beriechen des Atems. In der freien Wildbahn würde eine fremde Herde über das Beriechen des hinterlassenen Kotes erkannt werden oder ein Hengst, der sich in fremdem Territorium aufhält.

Welche unserer Signale können wir nun in der Kommunikation mit dem Pferd nutzen, und was müssen wir in unserer Signalgebung beachten?

Positive soziale Interaktionen zwischen den Artgenossen – wie die soziale Fellpflege – gehören zum natürlichen Sozialverhalten des Pferdes und zu seinen Grundbedürfnissen.

Der Mensch verlässt sich oft zu sehr auf seinen visuellen Sinn. Wenn man sich zu sehr auf das »zu Sehende« fokussiert, lässt man andere Wahrnehmungen leicht außer Acht. Wie gerade beschrieben, kommunizieren Pferde auf ganz unterschiedlichen Reizebenen. Wenn der Mensch sich darauf einlassen kann, sich selbst und seine Reizgebung besser wahrzunehmen, kann er anfangen, mit einem hochsensiblen Tier, wie dem Pferd, bewusst zu kommunizieren.

Dennoch können wir visuell sehr gut mit dem Pferd kommunizieren, da dies auch seine natürliche und hauptsächliche Kommunikationsform innerhalb der Herde ist. Die feine Wahrnehmung von Gestik, Mimik und Körperspannung können wir uns daher bestens zunutze machen.

Das Pferd kann uns gut hören. Es ist also nicht notwendig, mit dem Pferd laut zu sprechen oder es gar anzuschreien. Bei der Bodenarbeit und beim Reiten kann man verbale Kommandos demnach hervorragend nutzen, um das Pferd darauf zu konditionieren – und es erlernt somit die Bedeutung dieses akustischen Reizes.

Weiter kommunizieren wir, besonders beim Reiten, über die Haptik – also das Fühlen. Eine Berührung und ein Druck über Schenkel, Gewicht oder das Equipment, wie Zügel, Sporen und Gerte, geben Signale an das Pferd weiter. Wir sollten uns immer bewusst machen, was für einen kleinen Reiz das Pferd über die Rezeptoren der Haut wahrnehmen kann. Man sieht viel zu häufig eine große Druckstärke, mit der auf das Pferd eingewirkt wird. Hier hat meistens schon eine Habituation (siehe Kapitel 3, S. 58) stattgefunden, und das Pferd schottet sich als Schutz vor diesen Reizen ab. Das Pferd kann uns sehr gut über körperliche An- und Entspannung wahrnehmen: Vom Rücken des Pferdes aus ist dies über die direkte körperliche Verbindung mit dem Pferd möglich. Vom Boden aus nehmen sie muskuläre An- und Entspannung eher als visuelle Reize wahr.

Mit einer klaren Einstellung und Souveränität des Menschen gehen auch körperliche Signale wie eine aufrechte Haltung, eine muskuläre Grundspannung und eine Klarheit in der Signalgebung einher. Diese Kombination eines bestimmten Auftretens nimmt das Pferd sicherlich über mehrere Sinneseingänge wahr. Denn ein dominanterer Artgenosse würde ähnliche körperliche Signale ausstrahlen.

DAS ERKENNEN VON KLEINEN VERÄNDERUNGEN

Die Wahrnehmung von Mensch und Pferd ist, wie schon beschrieben, unterschiedlich. Mensch und Pferd gehen mit Situationen anders um und nehmen Umgebungsreize, die sich ändern, anders wahr. Vom Menschen werden Veränderungen eher mit Logik, vom Pferd eher instinktiv beurteilt. Eine häufige Fehleinschätzung der Pferdewahrnehmung führt zu solchen oder ähnlichen Geschichten:

»DIE SCHUBKARRE KENNST DU DOCH!«
ODER WARUM DER HEIMVORTEIL MANCHMAL GAR KEINER IST ...

Das Pferd kennt nun schon seit mehreren Jahren die Gegebenheiten des Hofes. Es sollte sich demnach doch längst an die Stall-Utensilien sowie den Anblick der Schubkarre gewöhnt haben. Wie kann es dann sein, dass das Pferd ausgerechnet heute, wo man selbst mit den Gedanken ganz woanders ist, vor der Schubkarre wegspringt. Es ist haargenau die gleiche Karre wie immer, nur hat der Azubi sie, da spontan ein anderer Auftrag kam, am Rande des Wegs stehen gelassen und nicht auf dem üblichen Platz abgestellt. Aber das muss das Pferd doch durchschauen!

Den gleichen Hintergrund hat folgende Begebenheit:
Nun sitzt die Dressuraufgabe, und man hat das Glück, dass dieses Jahr das Turnier auf der heimischen Anlage ausgerichtet wird. Wie schön, kein lästiges Anhängerfahren, das Pferd kann in gewohnter Umgebung hoffentlich einen Heimsieg einholen! Doch weit gefehlt, nichts klappt. Die schönen Dekorationen und die Sponsorenplakate, die da sonst nicht hängen, können doch wohl jetzt nicht zu solch einem despektierlichen Verhalten führen! Was sollen denn die Miteinsteller denken! Und das ausgerechnet zuhause, wo man den Heimvorteil genießt.

Pferden fallen Veränderungen in ihrer gewohnten Umgebung stark auf. Sie nehmen diese häufig extremer wahr als der Mensch.

Die dargestellten Situationen haben eins gemeinsam: Für das Pferd ändert sich die gewohnte Umgebung. Man kann es sich so vorstellen, als ob man die Unterschiede zwischen zwei scheinbar identischen Bildern finden müsste. Das Pferd ist in seiner Wahrnehmung darauf geschult, kleine Veränderungen in seinem Habitat wahrzunehmen. Eine Veränderung könnte die »Raubkatze« sein, die hinter dem Busch lauert. Für den logisch denkenden Menschen ist klar, dass diese Veränderungen nicht gefährlich sind. Für ihn ist es so selbstverständlich, dass er eine Veränderung, wie die Schubkarre, die an einem anderen Platz steht, vielleicht gar nicht wahrnimmt. Diese Unachtsamkeit kann dann, wie in dem Beispiel, auch zu gefährlichen Situation führen, in denen es später heißt: »Dieses Erschrecken kam völlig aus dem Nichts!«

EINDEUTIGKEIT ODER ZWEIDEUTIG?

Die Eindeutigkeit von Reizen ist bei der Aufnahme der Sinnesmodalitäten (Sehen, Hören, Fühlen, Schmecken) natürlicherweise gegeben. Jede Sinneswahrnehmung benötigt ihren adäquaten Reiz, damit der Reiz an das Gehirn weitergeleitet wird. Auf Zellebene nennt man dies das »Schlüssel-Schloss-Prinzip«. Nur wenn der passende Reiz auf den Rezeptor trifft, wird der Reiz weitergeleitet, hat also somit Bedeutung für den Organismus.

Damit das Pferd unsere Signale auch klar deuten und beantworten kann, müssen diese eindeutig sein. Für eine gewünschte Reaktion ist genau ein Reiz der richtige. Dieser kann sich natürlich im Laufe der Zeit verfeinern oder sogar ändern, aber dies geschieht auch immer eindeutig. Verändern kann man Reize durch klassische Konditionierung (siehe Kap. 3, S. 65). Ein neuer Reiz wird für die gleiche Bedeutung eingeführt, z.B. das Schnalzen ersetzt das Touchieren mit der Gerte. Dies sollte aber bewusst passieren und im richtigen zeitlichen Ablauf (siehe Abb. 12, S.67). Wir sollten uns also immer darüber bewusst sein, was für einen Reiz wir senden und welche Reaktion wir darauf haben möchten. Pferde können sehr genau feinste Reize unterscheiden und deren Bedeutung verstehen.

Durch eine kleine Veränderung in der Reizgebung bedeuten der Blick und die Körperausrichtung nicht mehr »Weiche!«, sondern »Komm!«. Der Oberkörper ist beim Herkommen etwas vom Pferd weg geneigt.

Wenn wir das Pferd beispielsweise auf unseren Blick und unsere Körperposition weichen lassen, reicht eine kleine Veränderung in der Reizgebung, und das Pferd weiß - wenn ihm vorher die Bedeutung gezeigt wurde - dass es nun nicht mehr von dem Menschen weggehen, sondern auf ihn zukommen soll.

Wenn das Pferd also einmal nicht »richtig« reagiert, sollten wir uns immer fragen, ob unser Signal eindeutig war. Umso mehr Signale ein Pferd zu unterscheiden gelernt hat, ob in der Bodenarbeit oder unter dem Sattel, umso genauer und präziser muss der Mensch seine Reize setzen.

EMOTIONEN BEI TIER UND MENSCH

Empfinden Pferde die gleichen Emotionen wie der Mensch? Können sie Trauer, Liebe und Freude empfinden? Jeder, der mit Tieren lebt, oder die Gelegenheit hat, sie in ihrem natürlichen Verhalten zu beobachten, würde spontan sagen: »Ja!« Pferde, die beim ersten Weidegang auf der saftigen Weide, freudig und quiekend buckeln. Oder Pferde, die an bestimmten Stellen, an denen sie gekrault werden, vor Genuss die Lippen verziehen und die Augen verdrehen, kennt jeder. Die Wissenschaft tut sich bei dieser Frage etwas schwerer. Wie kann man beweisen, dass ein Tier Emotionen empfindet, diese Gefühle also messbar machen? Da wir Tiere nicht nach ihren Empfindungen fragen können, gestaltet sich dieser Vergleich als schwierig. Wissen wir denn überhaupt, ob ein anderer Mensch das Gleiche empfindet, wie wir selbst, wenn wir von Traurigkeit oder Glück und Freude sprechen? Wir gehen stark davon aus, denn

Wenn Pferde über die Weide toben, merken wir ihnen Freude an.

wir können diese Gefühle relativ genau beschreiben. Rein pragmatisch gesehen, machen Gefühle in der Natur Sinn. Wenn eine Situation als positiv empfunden wird, will man diese wieder herbeiführen. So werden lebenswichtige Verhaltensweisen gesteuert. Wenn wir Hunger empfinden, löst bei uns das Essen, vielleicht auch noch etwas besonders Leckeres, Glücksgefühle aus. Wenn wir durstig sind, wäre es das kühle Glas Wasser, wenn wir müde sind das gemütliche Bett. Wir streben danach, Dinge zu tun, die wir in diesem Moment brauchen - zum Überleben. Gelockt werden wir zu dieser Verhaltensweise durch ein gutes Gefühl, das uns dadurch beschert wird. In unserem und dem tierischen Körper, muss ein überlebenswichtiges Gleichgewicht aufrechterhalten bleiben, die sogenannte Homöostase.

Auch das Tier strebt danach, sich gesund zu erhalten, es wäre höchst unwahrscheinlich, wenn es nicht genauso Befriedigung und Glücksmomente bei überlebenswichtigen Verhaltensweisen empfinden würde wie wir.

EMOTIONEN

Emotionen leiten über ein bestimmtes Hirnareal, die Amygdala, autonome Reaktionen (erhöhter Herzschlag, Schwitzen, Kot absetzen) und endokrine Reaktionen (Hormonausschüttung wie beispielsweise Cortisol) ein. Diese bereiten den Organismus auf Angriff, Flucht, Sexualkontakt oder andere Anpassungsreaktionen vor. An diesen inneren Reaktionen ist das Bewusstsein nicht beteiligt. Weiter führen Emotionen dann zu einer dementsprechenden äußeren Verhaltensänderung. Von emotionalem Verhalten spricht man, wenn dieses, im Gegensatz zu kognitivem Verhalten, gefühlsbestimmt ist (Gattermann 2006).

Pferde und Menschen weisen im Grunde die gleichen Gehirnstrukturen auf. Auch das Pferd verfügt über ein limbisches System und eine Amygdala. Warum sollte diese nicht ebenso wie bei uns an der Erzeugung von Emotionen beteiligt sein? Bei Ratten hat man festgestellt, wenn sie sich durch einen implantierten Zugang im Gehirn mit einem Hebeldruck selbst Dopamin (ein Glückshormon) zuführen können, tun sie dies immer wieder. Sie werden quasi süchtig danach. Auch wenn diese Szene einen etwas fahlen Beigeschmack erzeugt, konnte die Wissenschaft auch bei unseren Pferden zeigen, dass sie sich selbst Wohlfühlmomente schaffen können. Es konnte gezeigt werden, dass Pferde sich lieber in weiches, verformbares Stroh legen, als auf Gummiliegematten. Auch wenn beides als solches nicht in der natürlichen Umgebung vorkommt, entscheiden sie sich doch für das Angenehmere (Werhahn et al. 2010). Erst kürzlich wurde berichtet, dass Pferde durch Schalterdruck entscheiden, wann sie ihre Decke abgenommen haben wollen. Diese bewusste Entscheidung, angenehmere Konsequenzen herbeizuführen, sehen wir auch in der instrumentellen (operanten) Konditionierung (siehe S. 70). Hierbei zeigt sich, dass Tiere ganz bewusst ein Verhalten immer wieder einsetzen, von dem sie sich angenehme Konsequenzen erhoffen.

Was ist mit dem Gefühl der Mutterliebe? Bei der Eltern-Kind-Beziehung spielt bei uns und auch beim Pferd das Bindungshormon Oxytozin eine entscheidende Rolle. Dieses wird nach der Schwangerschaft und besonders beim ersten Mutter-Kind-Kontakt ausgeschüttet. Instinktiv bewirkt der Hormoncocktail bei der Mutter, dass sie ihren Nachwuchs beschützen will, dass sie bis hin zu ihrem eigenen Leben und ihrer Gesundheit fast alles für diesen

GLÜCKSHORMONE

Dopamin wird als Glückshormon bezeichnet und fungiert als erregender Neurotransmitter bei der Reizweiterleitung zwischen den Synapsen des Nervensystems, besonders im mesolimbischen System (dem Belohnungssystem). Dopamin gilt dabei als Motivator und spielt eine wichtige Rolle beim Lernen und bei der Motivation. Durch diesen Botenstoff werden Zufriedenheit und Freude ausgelöst. Er ist aus diesem Grund auch beteiligt bei der Entwicklung von Suchtverhalten.

Serotonin ist von der Entwicklungsgeschichte her einer der ältesten vorkommenden Neurotransmitter, selbst Pflanzen und Pilze können diesen Botenstoff produzieren. Dieser Neurotransmitter hat viele Funktionen in unterschiedlichen Körperregionen. Er steigert den Blutdruck, beeinflusst die Wahrnehmung, den Schlaf und ist an der Temperaturregulation und der Schmerzempfindung beteiligt. Eine der Hauptwirkungen von Serotonin ist, dass er sich auf die Stimmung auswirkt. Serotonin ist verantwortlich für das Gefühl von Gelassenheit, innerer Ruhe und Zufriedenheit.

Das Kratzen im Ohr löst beim Pferd höchstwahrscheinlich positive Emotionen aus. Niemand würde hier bestreiten, dass das Pferd dies gerne hat.

Nachwuchs aufs Spiel setzen würde. Beim Tier wie beim Menschen kann diese Bindung gestört sein oder sogar völlig ausbleiben, wenn in der entscheidenden Phase nach der Geburt dieser Kontakt verwehrt bleibt. Der Unterschied, der dabei zwischen Mensch und Tier besteht, ist, dass wir auch ohne Erstkontakt – möglicherweise aus gesellschaftlichen Aspekten – das eigene Kind mit der Zeit lieben lernen können, was in der Tierwelt bislang noch nicht beobachtet werden konnte.

Genauso machen negative Gefühle – wie Angst – in der Natur Sinn, indem sie den Organismus davor bewahren, in lebensbedrohliche Gefahr zu kommen. Verhaltensweisen, bei denen die Schnelligkeit entscheidet, werden oft instinktiv gesteuert. Eine bewusste Entscheidung würde zu lange dauern. Das Pferd wäre, wenn es erst ein paar Sekunden über die Flucht nachdenken würde, wahrscheinlich schon verloren. Auch beim Menschen hat man festgestellt, dass viele Entscheidungen schon unterbewusst getroffen werden, indem in den zugehörigen Gehirnarealen Aktivität verzeichnet wird, bevor der Verstand dazugeschaltet und darüber nachgedacht wird, was zu tun ist. Oft sind diese Entscheidungen mit Emotionen verbunden, um sie uns wichtig zu machen. Bei uns geht es heutzutage wahrscheinlich weniger um die Angst, »gefressen« zu werden, als vielmehr um die Panik, in einer wichtigen Prüfungssituation zu scheitern und um die äußerst negativen Folgen, vielleicht auch existentieller Art, die man unbedingt vermeiden will. Instinktive Handlungen schließen also Gefühle nicht aus, ganz im Gegenteil: Wir können davon ausgehen, dass das Pferd ähnliche Gefühle bei Gefahr empfindet wie wir.

Die Mutterliebe ist eine sehr starke Emotion.

ANGST UND FURCHT

Angst ist ein negativer Gefühlszustand, bei dem Reize und Situationen emotional bewertet werden. Sie dient dazu, Gefahren und Schmerzen zu vermeiden, und ist begleitet von physiologischen Reaktionen wie: erhöhte Atem- und Herzfrequenz, Schwitzen, Zittern und erhöhter Kot-Absatz. Angst ist ein Grundgefühl, welches nicht auf eine konkrete Gefahr gerichtet ist, wie die Furcht.

Bei der **Furcht** vor etwas wird eine ganz bestimmte Gefahr erkannt, und bestimmte Verhaltensprogramme können ablaufen, wie Angriff oder Flucht. Sie ist kein diffuses Gefühl wie die Angst, sondern ist meist rational begründbar. Das Tier ist hier konfrontiert mit einem ganz bestimmten furchtauslösenden Reiz, wie beispielsweise dem Raubfeind.

Dass Mensch und Tier freundschaftlich miteinander verbunden sind, ist für uns eine schöne Vorstellung.

LIEBE UND FREUNDSCHAFT ZWISCHEN PFERD UND MENSCH

»Wenn du einen Freund willst, so zähme mich ...!«, sagt der Wüstenfuchs zum kleinen Prinzen. (Antoine de Saint-Exupéry, 1943)

Viele »Pferdemenschen« wollen ihr Pferd eben nicht nur »zähmen«, sondern erhoffen sich gegenseitige Freundschaft oder sogar Liebe. Wenn wir nun davon ausgehen, dass es eine instinktive Mutterliebe bei Pferden gibt, um das Fohlen möglichst vor allen drohenden Gefahren zu schützen, gibt es diese dann auch unter erwachsenen Pferden und dann womöglich auch gegenüber dem Menschen?

FREUNDSCHAFT

Freundschaft ist ein auf gegenseitiger Zuneigung beruhendes soziopositives Verhältnis. Die Wahl ist freiwillig und weder sexuell orientiert, noch sind die Individuen miteinander verwandt. Die Freundschaft besitzt für beide Partner einen subjektiven Wert und ist durch einen positiven Affekt, wie beispielsweise Sympathie, gekennzeichnet (Wasilewski 2011).

Freundschaft zwischen Pferden zeigt sich durch Nähe, Spielverhalten und soziale Fellpflege.

Freundschaft unter Pferden

Wir können beobachten, dass Pferde, wenn sie die Möglichkeit dazu haben, untereinander Freundschaften ausbilden.

Diese »Partnerschaften« äußern sich dadurch, dass diese Tiere viel Zeit des Tages in gegenseitiger Nähe verbringen. Sie fressen und ruhen nah beieinander und zeigen häufige positive soziale Interaktionen, wie das gegenseitige Fellkraulen. Sie erkennen diesen Freund auch noch nach langer Zeit wieder. Ich selbst habe eine Anekdote dazu erlebt.

Freundschaften zwischen zwei Tierarten

Lassen sie uns zunächst betrachten, ob und in was für Fällen sich Freundschaften oder vielleicht sogar Liebe zwischen Tieren unterschiedlicher Art bilden. Immer wieder sieht man Begegnungen zwischen Arten, die sich normalerweise als Beute und Jäger sehen müssten. Es wurden Eisbären beobachtet, die mit Schlittenhunden spielen, und sie in den Arm nehmen, als würden sie sie wärmen wollen. Dies konnte der Wissenschaftler und Abenteurer Norbert Rosing beobachten.

PABLO UND DER HAFLINGER

Mein Criollo-Wallach Pablo hat seine Jugendjahre zwischen drei und neun in einer kleinen Offenstallherde verbracht. Er pflegte eine Freundschaft mit einem gleichaltrigen Haflinger. Diese sah so aus, dass mal der eine den anderen jagte und mal andersherum, sie kraulten einander und übten sich – obwohl beide Wallache – spielerisch in Hengstspielen.

Als ich dann mit ihm zum Zweitstudium wegzog, zeigte er noch Jahre später – immer bei Begegnungen mit Haflingern – ein sehr aufgeregtes Verhalten. Er begrüßte jeden Haflinger überschwänglich und hatte äußerste Motivation, zu ihm zu gelangen. Pferde mit einem anderen Aussehen hatten nicht dieselbe Anziehungskraft auf ihn. Mit den Jahren, heute ist Pablo 19, verblassten diese unerwiderten Begrüßungen.

Dies zeigt nicht nur eine emotionale Bindung zu einem bestimmten Pferd, sondern zusätzlich auch noch ein langanhaltendes Gedächtnis für das Wiedererkennen ganz bestimmter Merkmale von Artgenossen.

Freundschaften zwischen unterschiedlichen Tierarten sind möglich – warum also nicht zwischen Mensch und Pferd.

JOSIE UND TIBO

Zwischen meiner Quarter Horse-Stute Josie und meinem Australian Shephard-Rüden Tibo hat sich eine bemerkenswerte Freundschaft entwickelt. Josie lebt bei uns im Laufstall, hat also keinen Mangel an Sozialkontakten oder Bewegung. Der Hund weiß, dass er den Laufstall nicht betreten darf. Der Zaun, unter dem er problemlos hindurch könnte, ist als Grenze von ihm akzeptiert. Wahrscheinlich aus einem zufälligen Verhalten heraus hat Tibo festgestellt, dass wenn er sich an den Zaun setzt, die Pferde anfangen, neugierig mit den Lippen in seinem Fell zu »wühlen«. Dies empfindet er als angenehmes Kraulen und legt sich bisweilen auch einmal dafür auf den Rücken, damit die guten Stellen am Bauch ebenfalls erreicht werden. Manchmal bleibt er jedoch sitzen und leckt den Pferden an den Augen und den Nüstern. Dies scheinen Hund und Pferde zu genießen.

Mit Josie jedoch verbindet ihn auch noch eine spielerische Beziehung. Sie rennen am Laufstall oder Koppelzaun auf und ab, mit Stopp - Umdrehen und wieder Losrennen. Keiner jagt dabei den anderen oder ist dabei gestresst. Es wird mal vom einen, mal vom anderen initiiert. Es wird innegehalten, geschnuppert, der Hund duckt sich in die Spielposition, das Pferd macht sich bereit und schon geht es wieder los, buckelnd und quiekend. Es ist ein schönes Schauspiel.

Es gab aber auch Momente, in denen ich merkte, dass ihnen ihr Zusammensein wichtig war. Ich war auf einer Veranstaltung, auf der ich für eine Vorführung mit Hund und Pferd gebucht war. Die Stute war auf einem Paddock untergebracht, von dem sie andere Pferde nur aus großer Entfernung sehen konnte. Das machte sie sichtlich unruhig, stand ich bei ihr, ging es, ging ich aber weg, wurde es wieder schwierig und sie rannte umher. Als ich den Hund an einem Baum neben dem Paddock »befestigte« und ging, blieb sie ruhig, stellte sich ebenfalls unter den Baum und döste. Ich hatte sie aus der Ferne im Blick, und ein Hauch von Rührung blieb nicht aus: Die Gesellschaft des Hundes reichte ihr, um sich nicht »allein« zu fühlen und brachte in diesem Moment für sie »die Welt in Ordnung«.

Eine Geschichte aus Japan zeigt, wie sich eine Eule und eine Katze anfreundeten, miteinander spielten und Zärtlichkeiten austauschten. In diesen Fällen können die Tiere verständlich miteinander kommunizieren. Im Falle der Eule und der Katze wurde der andere womöglich als Ersatzpartner gesehen, da keine wirklichen Artgenossen vorhanden waren, also eine Freundschaft eher aus der Not heraus. Diese Begegnung würde so in der Natur, ohne das Zutun des Menschen, wahrscheinlich nicht stattfinden. Diese Beispiele zeigen aber, dass es möglich ist, aus Begegnungen eine Freundschaft zueinander zu entwickeln, bei denen beide Partner eine Art von Sympathie füreinander empfinden und beide einen Mehrwert von dem Beisammensein haben.

Freundschaft zwischen Mensch und Pferd

Fast jeder Pferdebesitzer würde gerne von seinem Pferd zurückgeliebt werden. Die Gründe, warum Menschen ihre Tiere lieben, mögen vielschichtig sein. Nicht selten fungiert das Tier als Kind- oder Partnerersatz. Es darf sich die Alltagsprobleme des Besitzers anhören oder wird selbst nach seinem Befinden gefragt. Wenn wir Pferde als Nutztiere sehen, haben wir womöglich auch die Legitimation, sie dafür zu (miss) brauchen. Unser menschlicher Nutzen davon ist einleuchtend, aber was sollte das Pferd von solch einer Liebe zum Menschen haben? In der Mutter-Kind-Beziehung ist die starke Bindung klar ein Sicherheitsvorteil und damit überlebenswichtig. Wenn ein Tier auf den Menschen in der sensiblen Phase »fehlgeprägt« wird, zeigt sich an der Nachfolgeprägung von Konrad Lorenz` Gänsen, dass dieses Verhalten auch dem Menschen gegenüber ausgeprägt werden kann. Auch beim Pferd kennen wird diese Fehlprägung bei »Flaschenkindern«. Dies kann bei größeren Tieren wie dem Pferd ein gefährliches Nachspiel haben. Durch die Prägung auf den Menschen, besteht die Gefahr der Distanzlosigkeit. Das Pferd verhält sich im ungünstigsten Fall dem Menschen gegenüber wie zu einem rangniedrigen Artgenossen. Wenn der Mensch es dann nicht schafft, das Repektsverhältnis zu klären, kann das zu hoch aggressivem Verhalten ihm gegenüber führen. Von solch einer »engen« Beziehung haben tatsächlich beide Beziehungspartner keinen Vorteil mehr.

Wenn wir die freundschaftliche Beziehung zwischen zwei Pferden betrachten, könnte der Vorteil für beide darin liegen, dass die soziale Gleichstellung, also der ähnliche Rang, ein Vorteil gegenüber anderen Gruppenmitgliedern hat. Die Pferde stabilisieren sich sozusagen gegenseitig in ihrer Rangposition. Zusätzlich stellt die soziale Bindung das gegenseitige Komfortverhalten sicher und vermeidet Verletzungen bei spielerischen Kämpfen.

Wie könnte der Mensch nun Teil einer solch positiven Partnerschaft werden? Der Mensch kann in manchen Situationen auch für Wohlfühlmomente ähnlich dem Fellkraulen sorgen – beim Putzen etwa. Wenn die Einstellung dem Pferd gegenüber stimmt (siehe Kapitel 4 »Leadership«) kann auch der Mensch dem Pferd Sicherheit vermitteln und für Abwechslung im Alltag sorgen. Pferde untereinander geben sich Sicherheit: Wenn ein erfahreneres Pferd Entspannung signalisiert, droht keine Gefahr, wenn es hingegen Alarmbereitschaft zeigt, muss tatsächlich mit Gefahr gerechnet werden. Aber in welchen Mensch-Pferd-Beziehungen kann sich das Pferd wirklich in so einer Weise auf den Menschen verlassen? Der Besitzer freut sich, wenn er in den Stall kommt und das Pferd ihm zuwiehert. In vielen Fällen

Dem Pferd sowohl seine wichtigsten Grundbedürfnisse zu erfüllen, als auch für Entspannung beim Miteinander zu sorgen, ist ein wichtiger »Freundschaftsdienst« an das Pferd.

könnte sich dahinter wohl eher eine Futtererwartung verbergen, als die wirkliche Zuneigung zum Menschen - oder der Mensch stellt für das Pferd die einzige Abwechslung am Tag dar. Wenn das Pferd über den Tag hinweg aus Mangel an natürlichem Sozialkontakt vereinsamt und den Menschen einmal am Tag als einzigen Sozialpartner sieht, sollte man sich Gedanken machen. Aus solch einer Motivation heraus sollte sich keine vermeintliche Zuneigung des Pferdes dem Menschen gegenüber begründen. Ich selbst erlebe, dass meine Pferde – sonst gehalten in der Herde –, wenn ich mit ihnen für Show- oder Messeauftritte unterwegs bin, sich auch sehr stark an mich binden. Veranstaltungsboxen lassen keinen Sozialkontakt unter den Pferden zu. Die fremden Pferde kennen sich untereinander nicht und die Übertragung von Keimen wäre zu hoch. In dieser Ausnahmesituation bekomme ich jedes einzelne Mal, wenn ich an die Box herantrete, ein Begrüßungswiehern, welches zuhause in der Herde nur äußerst selten stattfindet. Hier wird deutlich, dass eher die Vereinsamung aus der mutmaßlichen Freude spricht. Ich selbst kann mich tatsächlich auch nicht erwehren, mich darüber in diesem Moment zu freuen, obwohl die Situation für das Pferd nicht gerade freudig ist.

Ob es wirklich zu einer Freundschaft zwischen Mensch und Pferd kommen kann, bleibt wohl weiterhin Spekulation. Wahrscheinlich ist der freundschaftlichste Dienst, dem wir dem Pferd gegenüber erfüllen können, ihm Sicherheit in unserer Umgebung und den ein oder anderen Wohlfühlmoment zu verschaffen. Ein Hauptaspekt von Freundschaft ist – laut Definition – die Freiwilligkeit dieser Verbindung. Diese ist in der Mensch-Pferd-Beziehung so nicht gegeben, beziehungsweise die Freiwilligkeit geht nur von der menschlichen Seite aus. Einen Aspekt könnten wir aber auf jeden Fall versuchen zu erfüllen: dass beide Individuen (Mensch UND Pferd) aus dieser Beziehung einen Wert schöpfen und sich in der gegenseitigen Nähe wohl fühlen können. Einem Fluchttier allein mit unserer Gegenwart die Möglichkeit zu geben, sich zu entspannen, ist von unserer Seite aus sicherlich ein guter »Freundschaftsdienst«.

Freundschaft oder Altruismus

Man muss Freundschaft und Altruismus voneinander abgrenzen. Dennoch ist es eine interessante Verhaltensweise, die man näher betrachten sollte. Wir finden sie nämlich bei genauerem Hinsehen in der Beziehung zwischen Mensch und Pferd. Altruismus kennt man sowohl beim Menschen als auch im Tierreich. Diese Form der »Hilfsbereitschaft« muss nicht zwingend aus moralischen Gründen erfolgen, sondern kann einem Individuum auch angeboren sein.

In der Natur tritt Altruismus in zwei Konstellationen auf. Zum einen bei der Unterstützung von verwandten Individuen oder bei dem sogenannten reziproken Altruismus. Im Tierreich kann es für die Arterhaltung sinnvoller sein, sich um Nachkommen von Verwandten (also Nichten und Neffen) zu kümmern und diese mit zu versorgen, als selbst eigenen Nachwuchs großzuziehen. Der reziproke Altruismus wird gezeigt, wenn derjenige, der hilft, davon ausgehen kann, dass er selbst auch früher oder später von anderen Unterstützung erwarten kann.

Aber wie finden wir nun einen Bezug zur Mensch-Pferd-Interaktion? In der Pferdewelt oder auch bei anderen Haustieren können wir durchaus Menschen beobachten, die willentlich, ohne dass sie im Augenblick selbst etwas davon haben, Tieren in ihrer Situation helfen. Diese Form der Selbstlosigkeit kann man wohl nicht direkt mit derjenigen im Tierreich vergleichen, denn was wir - auch durch sonstige ehrenamtliche Hilfe - zurückbekommen, schlägt sich weniger in einer Überlebensfitness nieder, als eher in dem guten Gefühl, selbst geholfen zu haben. Wenn jemand anderem durch unser Handeln geholfen wird, verschafft uns das ein gutes Gefühl oder vielleicht sogar eine Dankbarkeit des Gegenübers. Dies ist oft der »Nutzen«, den wir daraus ziehen.

DIE GEFAHR DER VERMENSCHLICHUNG

Bei allen Emotionen, die das Pferd mit hoher Wahrscheinlichkeit empfinden kann, besteht dennoch die Gefahr, Signale des Pferdes falsch zu deuten. Dies passiert häufig aus einer Vermenschlichung heraus. Wir denken, wir wüssten, was das Pferd in manchen Momenten empfindet, gehen aber von unserem Standpunkt aus. So können Missverständnisse auftreten und wir das Verhalten des Pferdes missinterpretierten. Daraus entsteht dann wiederum die Gefahr, dem Pferd

ALTRUISMUS

Der Begriff Altruismus soll von der Wortschöpfung her das Gegenteil des Egoismus bedeuten. Altruistisches Verhalten bringt dem Empfänger Nutzen, während es für den Ausführenden mit Kosten verbunden ist. Es stellt also eine zunächst selbstlose und uneigennützige Verhaltensweise dar.

nicht konstruktiv zu helfen, sondern manche Situationen als unbedeutend, normal oder sogar lustig zu bezeichnen, wenn das Pferd in Wirklichkeit leidet. In manchen Fällen unterstellt der Mensch dem Pferd Hinterlist und Heimtücke. Wir fühlen uns von dem Pferd geärgert oder getestet.

Auch wenn ein Pferd ein oft unterschätztes kognitives Niveau besitzt, können wir ihm nicht zuschreiben, dass es uns absichtlich »austrickst« oder uns »in die Falle locken« will. Hinterlist und Heimtücke sind rein menschliche Eigenschaften. Das Pferd beurteilt immer die jetzige Situation und reagiert entsprechend. Natürlich hat es seine Vorerfahrung und sein Gedächtnis, das es Situationen wiedererkennen und beurteilen lässt. Wenn ein Pferd also etwas davon hat, immer wieder ein bestimmtes Verhalten zu zeigen, zum Beispiel an der Longe auszubrechen, strebt es nur nach der Belohnung, die sich hinter diesem Verhalten verbirgt: dem Drucknachlass. Es will dem Menschen in diesem Moment sicherlich nichts »heimzahlen«.

Oft werden sogenannte Übersprungshandlungen als lustige Angewohnheit empfunden. Beispielsweise wenn das Pferd mit der Unterlippe spielt oder Formen von »Headshaking« zeigt. Doch bei der Übersprungshandlung handelt es sich um ein ambivalentes Verhalten,

»ER WILL MICH HEUTE WIEDER AUSTRICKSEN«

Eine Kursteilnehmerin stellte ihr Pferd in der Vorstellungsrunde mit folgenden Eigenschaften vor: »Mein Pferd trickst mich oft aus, es weiß ganz genau, wenn ich nicht aufpasse und macht dann, was es will. In unserer einen Hallenecke, die es nun schon so lange kennt, tut es manchmal so, als würde es sich erschrecken, obwohl da gar nichts ist!« Ich erklärte ihr, dass sie sehr richtig erkannt hätte, dass ihr Pferd ihre Unaufmerksamkeit bemerkt. In diesem Moment fehlt dem Pferd die positive Führung. Es fängt an, auf sich selbst aufzupassen, was natürlich auch mit einer erhöhten Alarmbereitschaft gekoppelt ist. Es macht also nicht, was es will, sondern was es muss!

Dass wir in der gewohnten Hallenecke nichts bemerken, heißt nicht, dass dort nicht grundsätzlich etwas für das Pferd wahrnehmbar ist, was wir mit unseren Sinnen nicht bemerken. Ich erklärte ihr aber auch, dass ebenso ein Lernverhalten hinter dem »Ecken-Erschrecken« stecken könnte. Wenn es dem Pferd bei der Unachtsamkeit der Reiterin hin und wieder eine Erleichterung gebracht hat, sich vor der Ecke zu »erschrecken«, was vielleicht auch nur ein Ausweichen war, kann dieses Verhalten auch schnell ungewollt konditioniert werden.

Mit dieser Teilnehmerin arbeitete ich verstärkt an der Aufmerksamkeit ihrem Pferd gegenüber und daran, sich in kurzen Sequenzen ganz auf es zu konzentrieren. Diese Phasen weiteten wir im Training nach und nach aus, um ihre Konzentrationsspanne, und die des Pferdes auf sie, zu verlängern, und dem Pferd mehr und mehr Sicherheit zu geben.

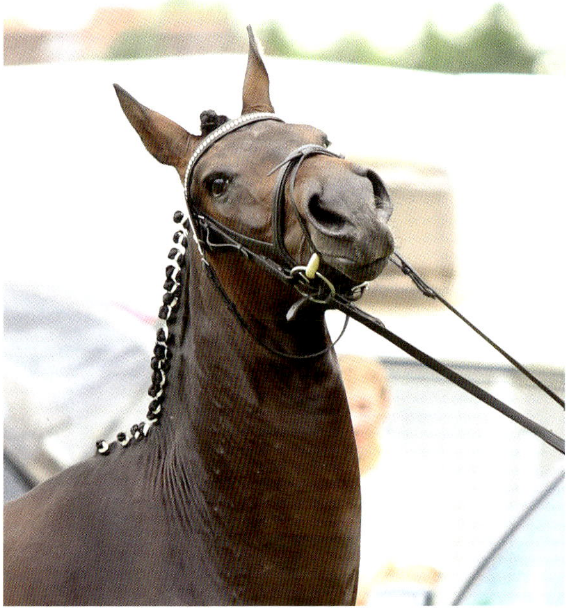

Gegen einen Druck anzugehen, kann das Pferd lernen. Wenn dieses Verhalten für das Pferd eine positive Konsequenz hat – indem der Druck nachlässt – wird es dieses immer wieder als Problemlösung zeigen.

ausgelöst von zwei Antrieben des Tieres, die einander widerstreben. Beim Menschen tritt dies oft als Verlegenheitsgeste auf, sich beispielsweise am Kopf zu kratzen, wenn man nicht genau weiß, was man tun soll. Andere Tiere, wie der Hund, kratzen sich ebenfalls oder Putzen sich in solchen Situationen, wie beispielsweise das Huhn. Die Energie dieses ambivalenten Verhaltens zeigt sich in einer in dieser Situation nicht passenden Verhaltensweise, die in diesem Moment keiner wirklichen Funktion entspricht. Das Tier befindet sich in einem Stresszustand. Bei Pferden kommt dieses Verhalten häufig in der Box vor: Der Bewegungsdrang wird unterdrückt und schafft sich in einer anderen Bewegung Luft. Dieses Verhalten sollte nicht fälschlicherweise als lustig angesehen werden, sondern man sollte bemüht sein, dem Pferd in dieser Situation den Stress zu nehmen.

Ich habe schon erlebt, dass Pferdebesitzer auf andere Pferde böse waren, wenn diese ihr eigenes Tier von der Heuraufe verjagten. Was in den Augen des Menschen als ein »gemeines« Verhalten angesehen wird, gehört zu den natürlichen sozialen Interaktionen in einem Herdenverband. Manchmal hat man das Gefühl, Pferdebesitzer schauen wie Eltern auf ihre im Kindergarten spielenden Kinder, wenn sie ihre Pferde in der Herde beobachten. Natürlich muss eine Herdenzusammensetzung stimmen und der Stress darf nicht auf einige wenige Pferde fokussiert sein. Aber die Tatsache, dass sein Pferd auch mal gebissen oder sogar einmal heftiger verjagt wird, sollte den Menschen nicht schockieren und wütend auf die anderen Tiere machen, sondern ihn erkennen lassen, dass das Pferd in diesem Moment natürlichen Sozialreizen ausgesetzt ist. Das Fatale daran ist, dass Pferdebesitzer aus diesen Gründen ihre Pferde in Einzelboxen unterbringen lassen. Tierarztkosten mögen in einzelnen Fällen möglicherweise eine Rechtfertigung sein, wenn die Gruppenstruktur tatsächlich nicht stimmt. Aber meist ist es das emotionale Verhalten der Besitzer, die dem Pferd die Möglichkeit nehmen, ihr natürliches Verhalten wenigstens noch zu einem gewissen Grad auszuleben.

Wenn Liebe blind macht, kann das sogar zu Tierschutz relevantem Verhalten dem Pferd gegenüber führen. Dies äußert sich weniger in einer Aggression oder körperlichen Brutalität gegenüber dem Pferd, sondern im Gegenteil in einer Überführsorge und »Bemutterung«, die nicht einmal einem Menschenkind gegenüber adäquat wäre: »Wie geht es dir heute?« oder »Was guckst du denn heute so komisch?«,

Der positive Kontakt über das Putzen ist eine wichtige soziale Interaktion zwischen Mensch und Pferd. Andere wichtige Grundbedürfnisse sollten dabei aber nicht in den Hintergrund rücken.

»Sollen wir heute lieber nichts Anstrengendes machen?« Kritik an dieser Überfürsorge bedeutet nicht, dass wir das Verhalten unseres Pferdes nicht genau beobachten sollen. Wirkliche Verhaltensauffälligkeiten können auf ein Unwohlsein oder eine Erkrankung hindeuten. Jeder Besitzer, der das »Normalverhalten« seines Pferdes gut kennt und Veränderungen sieht, ist verantwortungsvoll. Wovor man sich allerdings hüten sollte, ist eine Über- oder eine Fehlinterpretation. Meist spiegelt das Pferd das Verhalten des Besitzers, wenn dieser träge ist und keine Lust auf Reiten hat oder überhaupt etwas mit dem Pferd zu machen, so kommt ihm ein müde dreinblickendes Tier gerade recht. Dem Pferd wird damit die Möglichkeit auf notwendige Abwechslung und körperliche Auslastung genommen. Und damit fängt man an, die natürlichen Bedürfnisse des Pferdes einzuschränken.

Pferde, die abgeschaltet und eher apathisch als ruhig wirken, sieht man des Öfteren in Anbindegassen, an denen sie manchmal stundenlang geputzt und dabei mit ständigen Erzählungen des Menschen beladen werden. Diesen Pferden kann man nur wünschen, dass der Effekt eines pausenlos laufenden Radios eingetreten ist (Habituation) und damit die ständig währenden Reize nicht mehr ins Bewusstsein vordringen. Eine erlernte Hilflosigkeit des Pferdes ist hier aber auch nicht gänzlich von der Hand zu weisen und würde einen erhöhten Stressgrad des Tieres bedeuten (siehe »erlernte Hilflosigkeit«, S. 99). Hier sollte der Mensch sich tatsächlich nach der eigenen Motivation fragen, dem Pferd dies alles erzählen zu müssen, und warum es keinen menschlichen Partner gibt, der mit diesen Informationen mehr anfangen könnte.

LERNEN und KOMMUNIKATION

Ein mentales Bild, welches man vor Augen haben kann: Der ausbalancierte Reiter sitzt auf einem Pferd, das leicht an den Hilfen geht; Reiter und Pferd sind zufrieden und strahlen Eleganz aus.

Egal in welcher Reitweise ein Pferd geritten wird, das Ziel der guten Reiterei ist immer, möglichst ohne viel Druck zu reiten. Das Pferd soll leicht am Bein und leicht an der Hand sein. Es soll durchlässig auf alle Hilfen reagieren, was bedeutet, sie nach vorne, seitwärts und rückwärts willig durchzulassen. Die Durchlässigkeit stellt dabei das höchste Ziel der Pferdeausbildung dar. Das bedeutet, dass die Hilfen des Reiters angenommen und sowohl körperlich als auch mental (kognitiv) umgesetzt werden können. Das Pferd muss in der physischen und psychischen Verfassung sein, die Signale aufzunehmen (siehe Kapitel 2 »Wahrnehmung und Verhalten«) und zu verstehen, und es muss motiviert sein, sie – im Sinne des Menschen – richtig umzusetzen. Hierbei spielen Lern- und Gedächtnisvorgänge sowie die Motivation eine wichtige Rolle.

WAS IST LERNEN

Lernen ist ein lebenswichtiger Prozess. Er gestattet es dem Tier und dem Menschen, nicht nur aus reflexiven und rein instinktiven Verhaltensmustern heraus zu reagieren. Lernen ermöglicht es, sich während seiner Lebenszeit an die vorhandenen Lebensumstände bestmöglichst anzupassen und mit diesen gut klarzukommen. Es gibt Lernformen, die bereits bei niedersten Lebensformen wie Einzellern oder Erdwürmern vorkommen. Umso höher die Lernformen angesiedelt sind, desto mehr spielt das Bewusstsein, also die aktive Beteiligung des Individuums, eine Rolle. Von kognitiven Fähigkeiten spricht man, wenn das Tier Erkenntnisse in Zusammenhang mit Assoziation, Kommunikation und Problemlöseverhalten gewinnt. Hier erfolgt eine aktive Auseinandersetzung mit der Umwelt. Zu den kognitiven Leistungen zählen Orientierung, Beobachtung, Wahrnehmung, Generalisierung, Diskrimination, Strategiebildung, Planung und das Versuch- und Irrtumslernen (Gattermann 2006).

Lernen durchläuft mehrere Phasen, bevor man sicher davon sprechen kann, dass ein neuer Zusammenhang gelernt und das sogenannte Lernkriterium erreicht ist - ein statistischer Grenzwert der Lernleistung. Am Anfang steht die Spontanphase. In dieser hat noch kein Lernvorgang stattgefunden. Das Tier verhält sich zu einer gestellten Aufgabe oder einem Problem durch zufällig spontanes Verhalten. In der darauffolgenden Lernphase oder Erwerbsphase sinkt die Fehlerquote beziehungsweise die benötigte Zeit und die für die Problemlösung relevanten »Richtigentscheidungen« werden prozentual mehr. Hier passt sich das Tier der Situation an und lernt beispielsweise durch Verstärkung (siehe S. 72). In der Kannphase ist die Leistung oberhalb des Lernkriteriums gestiegen. Hier ist eine Zunahme der Lernleistung zu sehen, die sich von dem anfänglichen spontanen Verhalten signifikant unterscheidet (Abb. 7). Diese gute Leistung bleibt in dieser Phase auf einem gewissen Plateau. Eine Löschphase kann sich anschließen, wenn die Verstärkung – also der positive Ausgang – für das Tier ausbleibt. Hier kann ein Vergessen oder eine Rückbildung des Lernprozesses eintreten (Gatterman 2006).

LERNEN

Lernen ist die Fähigkeit aufgrund individueller Erfahrung, das Verhalten an sich ändernde Umweltbedingungen anzupassen. Dazu nimmt das Individuum verhaltensrelevante Informationen aus der Umwelt auf, verarbeitet diese und speichert sie in einem Gedächtnis in abrufbarer Form ab. Das Verhalten passt sich dabei beispielsweise in Häufigkeit, Intensität, Dauer sowie seiner Orientierung an.

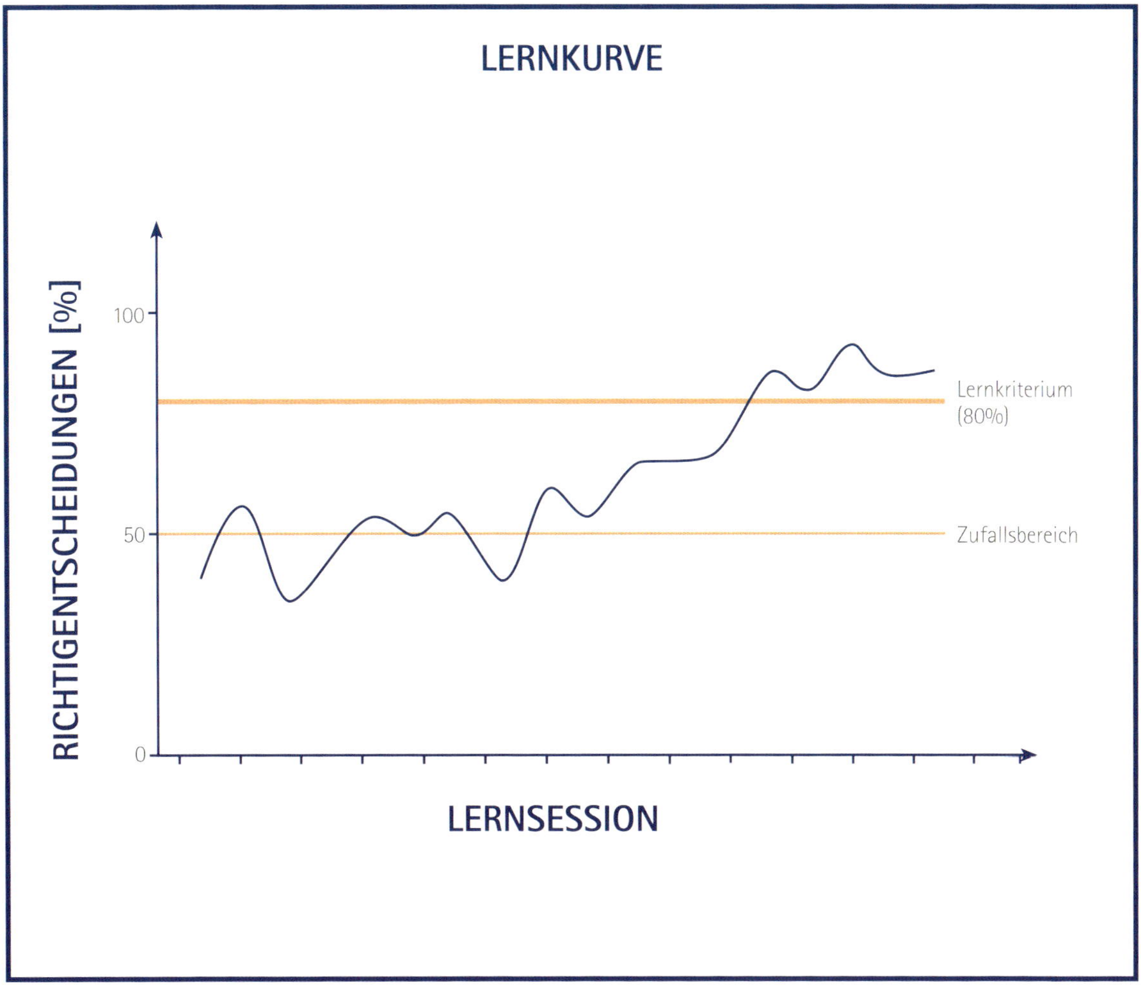

Abb. 7: Bei einer typischen Lernkurve bewegt sich die Leistung zunächst um die 50 % und ist somit noch zufällig richtig oder falsch. Wird ein Zusammenhang gelernt, steigt die Leistung und überschreitet das Lernkriterium. Ab diesem Moment sind die Entscheidungen nicht mehr zufällig, sondern auch statistisch gesehen beabsichtigt richtig. Wie viele Lernsessions der jeweilige Kandidat benötigt, um die Lernschwelle zu überschreiten, hängt von unterschiedlichen Faktoren wie Schwierigkeitsgrad der Aufgabe, Vorerfahrung, Motivation und Lernumgebung ab.

WELCHE LERNFORMEN BEGEGNEN UNS IN DER PRAXIS?

Zunächst einmal muss man sich bewusstmachen, dass die Hilfen des Reiters nicht grundsätzlich auf natürlichen (also selbstverständlichen) Reizen für das Pferd beruhen. Man muss dem Pferd also erst die Bedeutung des einzelnen Reizes beibringen, in diesem Fall spricht man von Konditionierung.

Das Pferd muss für den Umgang und für das Reiten erst die Bedeutung der »Hilfen« erlernen. Was ist die richtige Reaktion auf einen Schenkel- oder Zügeldruck? Hier können auch ungewollte Lernvorgänge passieren, wenn der Mensch in seiner Signalgebung nicht verständlich ist.

LERNFORMEN

Nicht-assoziatives Lernen	Assoziatives Lernen
Habituation	Klassische Konditionierung
Sensibilisierung	Operante Konditionierung

Abb. 8: Man unterscheidet grundsätzlich nicht-assoziatives und assoziatives Lernen. Nicht-assoziatives Lernen passiert ohne die Beteiligung des Bewusstseins und dient dem Schutz des Organismus. Bei assoziativen Lernformen spielt meist die aktive Auseinandersetzung des Tieres mit seiner Umwelt eine Rolle.

NICHT-ASSOZIATIVES LERNEN

Das nicht-assoziative Lernen spielt eine entscheidende Rolle in vielen Trainings- und Kommunikations-Prozessen mit dem Pferd. Aber was steckt unter natürlichen Bedingungen hinter dieser Art von Lernen? In der Evolution haben sich die Tierarten immer besser an ihre Lebensräume angepasst. Selbst relativ niedere Lebensformen sind zur Sensibilisierung und Habituation fähig, das zeigten Versuche mit Wasserschnecken. Für einen Organismus ist es wichtig, sich relevanten Reizen zu widmen, die entweder von Vorteil sein könnten oder Gefahr bedeuten. Zusätzlich ist es wichtig, solche Reize zu ignorieren, die keinen Wert für das Tier haben, ob positiv oder negativ. Für alle Umweltreize, ob relevant oder nicht, gleich viel Energie zu verschwenden, wäre nicht sehr ökonomisch. All diese Reize müssten im Gehirn verarbeitet werden und würden anschließend noch Energie kosten, wenn sie immer zu einer Reaktion führen würden. Man kann sich diese Lernform wie einen eingebauten Reizfilter vorstellen, der dem Bewusstsein so vorgelagert ist, dass man dieses dafür gar nicht benötigt.

SENSIBILISIERUNG

Positive Beispiele

Die »Verfeinerung der Hilfen«, die jeder Reiter anstrebt, beinhaltet zum größten Teil die Lernform der Sensibilisierung auf verschiedene menschliche Signale. Das Pferd hat unterbewusst abgespeichert, dass genau dieser Reiz eine bestimmte Bedeutung hat. Wenn wir wollen, dass das Pferd genau diesen Reiz, beispielsweise den Schenkeldruck, als relevant einstuft, muss er von uns als Reizgeber so gegeben werden, dass auf jeden Fall eine Reaktion erfolgt (siehe Abb. 9, S. 62). Wir sind also verantwortlich, ob das Pferd den Schenkeldruck mit Reaktivität verbindet oder nicht. Ein anderes Beispiel wäre, dass das Pferd bei der Bodenarbeit auf Blick weichen soll. Im natürlichen Repertoire des Pferdes ist verankert, dass es auf Gestik und Mimik achtet. Setzen wir diese Signale bewusst und mit der richtigen Intention ein (siehe Kapitel 5 »Das richtige Körpergefühl«), wird es auf den alleinigen Blick und unsere Körperausrichtung beispielsweise die Hinterhand verschieben. Auch dabei müssen wir natürlich darauf achten, dass wir die Reaktion in einem kurzen Zeitfenster von wenigen Sekunden hervorrufen. Wenn dies nicht geschieht, müssen wir die Signalintensität

NICHT-ASSOZIATIVES LERNEN
Zum nicht-assoziativen Lernen gehören die Lernformen Habituation und Sensibilisierung. Dieses Lernen spielt sich auf unbewusster Ebene ab. Bei den nicht-assoziativen Lernformen wird die Bedeutung eines einzelnen Reizes gelernt.

Das Pferd weicht auf den Blick und die Körperausrichtung des Menschen. Es empfindet die Reize des Menschen als relevant und reagiert sensibel. Man erkennt gut die Aufmerksamkeit des Pferdes, die auf die Körpersprache des Menschen gerichtet ist.

schleunigst steigern (siehe Abb. 15, S. 93). Erfährt das Pferd einmal einen sehr starken Reiz, der eine deutliche Reaktion ausgelöst hat, wird es auf diesen Reiz und auch seine Vorboten sehr sensibel bleiben, ein alltägliches Beispiel hierfür ist der Elektrozaun. Da wir aber nicht ständig heftig, sondern am besten immer feiner mit dem Pferd kommunizieren wollen, ist es wichtig, dass wir als Reizgeber uns unserer Signale bewusst sind und diese dosiert einsetzen, und der Reizempfänger, das Pferd, diese immer als relevant einstuft.

SENSIBILISIERUNG

Wenn die Reizstärke sinkt, dabei aber die gleiche Reaktion hervorgerufen wird, oder auf den gleichen Reiz eine höhere Reaktion folgt, spricht man von Sensibilisierung auf einen bestimmten Reiz.

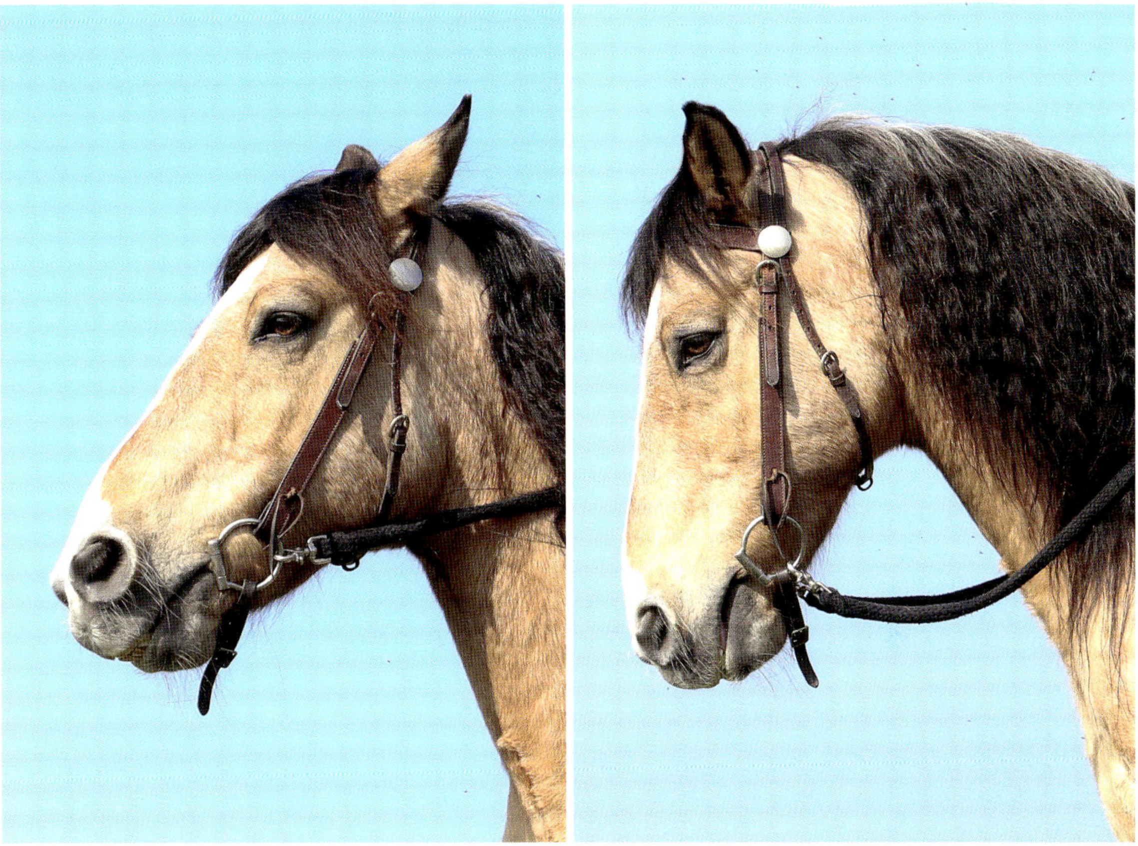

Entsteht eine Drucksituation, muss diese innerhalb von wenigen Sekunden in die richtige Reaktion umgeleitet werden. Nur so kann eine Sensibilisierung entstehen, sonst führt sie schnell zur Gewöhnung (Habituation) an diese Druckstärke.

Negative Beispiele

Ist das Pferd insgesamt in einem Zustand höherer Sensibilität, also in einem Alarmzustand, wie beispielsweise im Gelände oder auf dem Turnier, kann es auch zu ungewollten Überreaktionen kommen. Entweder auf Außenreize, die dann direkt als Fluchtreiz eingeordnet werden, oder bei der Reaktion auf die reiterlichen Signale. Aber auch im alltäglichen Umgang und Reiten kann eine Sensibilisierung stattgefunden haben, die aus unserer Sicht unerwünscht ist. Der »Schenkelflüchter« wäre solch ein Beispiel. Möglicherweise durch eine Überreaktion hervorgerufen, ist das Pferd auf jegliche Berührung durch das Bein so sensibel, dass es davor davonläuft. Häufig wird hier vom Reiter ungewollt die Sensibilisierung aufrechterhalten oder sogar noch verstärkt, indem das Bein sofort weggenommen wird, wenn das Pferd überreagiert. Hier kommt noch eine Lernform wie die Konditionierung hinzu, die dieses Verhalten dann immer weiter begünstigt (das Verhalten wird ungewollt belohnt, indem das Bein im Moment des Schnellerwerdens weggenommen wird).

HABITUATION

Habituation bedeutet Gewöhnung. Dies ist ein Schutzmechanismus des Organismus, um relevante von irrelevanten Informationen herauszufiltern. Alle Reize, die zu keiner Konsequenz, egal ob negativ oder positiv, führen, werden als uniformativ eingeordnet. Selbst ein Wurm habituiert. Tippt man das erste Mal an eine Schale, in der er sich befindet, regiert er mit Zusammenzucken. Wiederholt man das Antippen, verschwindet die Reaktion.

Pferde, die in der Nähe einer Bahnstrecke wohnen, gewöhnen sich an die immer wiederkehrenden Zuggeräusche. Wie schnell ein Pferd sich an einen Reiz gewöhnt, kommt auf die Art und Intensität der Reizsetzung, die Häufigkeit und das Timing des Reizgebers an. Mit einer gleichmäßigen, sich langsam steigernden Reizgebung, die anhält, bis stabil keine Reaktion mehr kommt, kann man am effektivsten habituieren. Hört der Prozess des Habituierens zu früh auf, kann es wieder zur ursprünglichen (Schreck) Reaktion kommen: dem sogenannten »spontanous recover« = spontane Erholung. Der Mensch selbst sollte bei der Gewöhnung an Schreckreize eine entspannte Körperhaltung einnehmen. Den eigenen Muskeltonus herunterfahren und seine Körperausrichtung nicht frontal zum Pferd haben oder es direkt anblicken. Wir können die Gewöhnung im Training in vielen Situationen positiv nutzen und bewusst herbeiführen, aber oft ist dem Menschen nicht bewusst, auf welche Signale er das Pferd ungewollt habituiert.

Positive Beispiele

In der Menschenwelt muss sich das Pferd an viele Objekte, Situationen und auch an das menschliche Verhalten gewöhnen, um nicht unter einer andauernden Stressbelastung zu stehen. Wir nutzen diese Lernform, um den Fluchtreiz des Pferdes zu unterdrücken beziehungsweise auszuschalten. Es fängt an beim Anreiten des Pferdes, wenn es das erste Mal an einen Longiergurt oder den Sattel gewöhnt wird. Im Idealfall befreit man das Pferd von dem neuen Reiz sofort, wenn es nicht mehr reagiert und sich bestenfalls entspannt. So bringt man noch die Konditionierung mit ins Spiel (dazu später mehr). So gewöhnen wir es auch an das Reitergewicht, der Druck von oben steigert sich langsam, und der Reiter steigt in einem ruhigen, vom Verhalten entspannten Moment ab. Die Zeit, in der das Pferd dem Druck ausgesetzt ist, steigert sich nach und nach. Wenn wir beispielsweise das Pferd an das Abduschen mit Wasser oder die Berührung von

HABITUATION

Bei der Habituation (oder Gewöhnung) sinkt die Reaktion des Tieres auf einen einzelnen wiederholten Reiz. Wenn ein Organismus auf einen bestimmten Reiz habituiert, wird dieser unbewusst als nicht relevant (ohne Informationswert) eingestuft.

Die Körperhaltung des Menschen ist bei der Habituation an einen Schreckreiz (Plastiktüte) entspannt. Das Pferd befindet sich ebenfalls in einer entspannten Haltung mit gesenktem Kopf und reagiert nicht mehr auf den Schreckreiz. Er wird als »nicht wichtig« eingestuft. Durch das gezielte Habituieren an Schreckreize lernt das Pferd immer mehr, auf die Körperhaltung des Menschen zu achten. Indem der Mensch dem Reiz keinen Wert gibt, entspannt auch das Pferd (Übung siehe Kapitel 6).

einer Plane oder Flattergerte gewöhnen, nutzen wir ebenso die Habituation (siehe Übung Kapitel 7 »Furchtsames Verhalten«).

Negative Beispiel

Im negativen, ungewollten Sinne sehen wir die Habituation bei sogenannten »abgestumpften« oder »triebigen« Pferden. Wenn das Timing des Menschen und das Gefühl für eine Reizgebung und -intensität nicht stimmen, kann das Pferd auf viele Signale des Menschen unreaktiv werden. Das Pferd kann dabei unbewusst lernen, sogar hohe Schmerzen zu ignorieren. Wir sehen dies nur allzu häufig in aufgespornten Flanken oder wunden Mäulern. Hier greift der Schutzmechanismus des Gehirns, und das Pferd ist wie abgeschottet gegen diese Schmerzen. Diese Pferde empfinden einen andauernden stillen Stress und sind nicht, wie landläufig behauptet, dickköpfig und stumpf, sondern sie leiden. Aus meiner Erfahrung sind Pferde, die diese unbewusste

Dauert ein Reiz länger als ein paar Sekunden und führt nicht zu einer weichenden Reaktion des Pferdes (Nachgeben auf den Zügel oder Vorwärts auf das Bein), habituiert das Pferd auf diesen Reiz. Es fängt an abzuwarten, bis dieser Reiz vorbeigeht, anstatt eine andere Lösung zu suchen. Schuld ist hier das schlechte Timing des Menschen. Richtig wäre: kurze, effektive Steigerung der Reizintensität, Überschreitung der Reizschwelle und dann ein sofortiges Nachlassen des Drucks (siehe Abb. 9, S. 62 »Verringerung der Reizschwelle«).

»Strategie« verfolgen, nicht von Natur aus lethargisch und dickfellig, sondern meist gehören sie zu den sehr sensiblen. Dies merkt man, wenn man solche Pferde wieder in eine adäquate Reaktivität zurückholt (siehe Diagramm Sensibilisierung, Abb. 9, S. 62).

Erreicht das Pferd sein Vorhaben (z.B. ans Gras zu kommen) durch Druck aufs Halfter, wird es diese Strategie wieder wählen.

»MEIN PFERD IST HALT DICKKÖPFIG«

Reiter treten häufig an mich heran und beschreiben mir aus ihrer Sicht die Eigenschaften ihres Pferdes. Nicht selten höre ich die Begriffe wie »Dickkopf«, »Sturkopf« ... oder Beschreibungen wie: »Er hat halt seinen eigenen Kopf.« So kam es zu folgender Begegnung mit einem Trainingspferd, das als solches definiert wurde. Bobby, eine 8-Jährige Pinto-Stute, hatte gar nie die richtige Bedeutung der Signalgebung ihrer Besitzerin Manuela gelernt. Dies lässt sich immer an einem leichten seitlichen Druck am Halfter testen. Hat das Pferd gelernt, dem Druck zu weichen und sich leicht zu stellen, oder hält es mit immer stärker werdendem Druck dagegen? Dies war hier der Fall. Mit dieser gelernten Grundeinstellung war es auch nicht möglich, die Stute fein auf Gewichts- und Beinhilfen zu lenken oder das Vorwärts zu beeinflussen. Die Stute suchte sich immer den für sie am einfachsten und logischsten Weg heraus. Dies erfolgte meist über eine Erhöhung des Drucks ihrerseits und ein Loslassen der Reiterin. So passierte es auch oft, dass sie die Besitzerin an der Longe wegzog, diese die Longe loslassen musste und wir wieder eine Kombination aus Habituation und Konditionierung erlebten. Zum Glück erkannte die Besitzerin, dass sie etwas an ihrem Verhalten und damit dem der Stute ändern musste, da dieses erlernte Verhalten auch gefährlich werden konnte. So war es auch schon passiert, dass die Stute sich beim Spazierengehen losriss und zum Stall zurückgaloppierte, zum Glück lag keine befahrene Straße auf ihrem Rückweg.

In kleinen effektiven Schritten, die erst im sicheren Terrain der Reithalle und des Roundpen stattfanden, arbeiteten wir an der Koordination von Manuelas Reizintensität und ihrem Timing. Bobby wurde schnell bewusst, dass sie etwas davon hatte, dem Druck zu weichen, und sie reagierte immer sensibler auf die Signale von Manuela. Die Besitzerin muss aber auch in der Zukunft immer auf das Verhalten ihrer Stute achten, kleinste Veränderungen in der Reaktivität ihres Pferdes erkennen und in Übungen auffangen. Sonst besteht die Gefahr, dass Bobby wieder in alte Verhaltensmuster zurückkehrt.

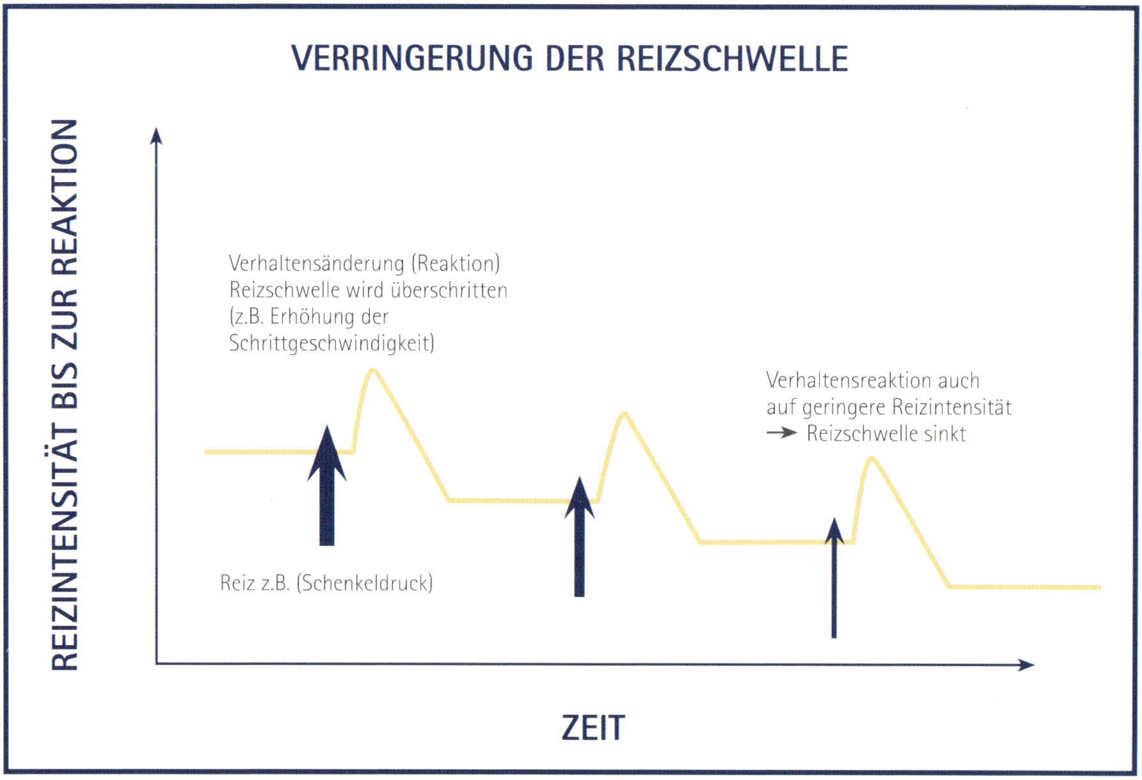

Abb. 9: Bei der Sensibilisierung sollte bei jedem Reiz, der gegeben wird, die Reizschwelle (der Moment der Reaktion) überschritten werden. So erreicht man, dass die Reizschwelle nach und nach absinkt und zum Auslösen der Reaktion immer weniger Reizstärke benötigt wird.

REIZSCHWELLE

Die Reizschwelle ist die Signalstärke, die benötigt wird, um eine Reaktion auszulösen. Verfeinerung der Hilfen bedeutet, die Reizschwelle abzusenken. Eine hohe Reizschwelle bedeutet, dass eine sehr hohe Reizstärke benötigt wird, um eine Reaktion auszulösen. Bei der Habituation auf einen bestimmten Reiz, kann dies dazu führen, dass selbst eine sehr hohe Reizstärke nicht mehr ausreicht, um eine Reaktion hervorzurufen.

Wichtig für die feine Kommunikation ist es, dass bei jedem Reiz, der gesetzt wird, eine Reaktion innerhalb weniger Sekunden hervorgerufen wird. Anders natürlich beim Schrecktraining, bei dem man dagegen versucht, die Reizschwelle immer höher zu setzen.

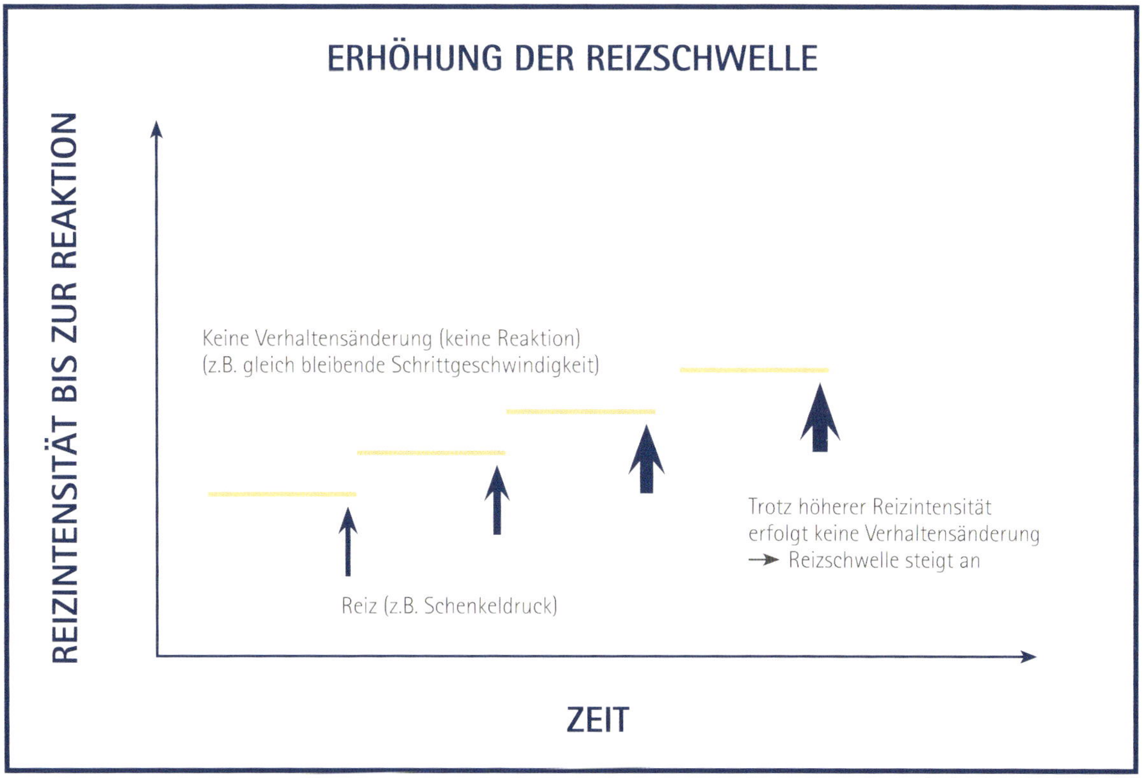

Abb. 10: Bleibt die Reizintensität unterhalb der Reizschwelle (Reaktion wird nicht ausgelöst), habituiert das Pferd und die Reizschwelle steigt immer weiter an. Damit steigt ebenso die Reizintensität, die benötigt wird, um das Verhalten noch auszulösen.

Die An- und Entspannung des Reiterbeins muss sehr kontrolliert erfolgen. Damit das Pferd auf den Schenkel sensibel bleibt und nicht habituiert (abstumpft). Wenn das Pferd vor dem Bein flüchtet, muss es eher gewöhnt (also habituiert) werden, wenn es »triebig« ist, muss es eher sensibilisiert werden.

Die Reizschwelle wird bei der gewollten Habituation immer höher gesetzt, indem das »Nicht-Reagieren« des Pferdes herbeigeführt wird. Der zunächst kleine Reiz (Berührung der Sprühflasche) wird nach und nach immer stärker (Bewegen und Sprühen), während das Pferd dabei nicht mit Flucht reagiert, sondern sich entspannt.

Übung

Mit Wasser gefüllte Sprühflasche dicht an das Pferd halten und damit abstreichen (zunächst Hals, Schulterbereich, siehe Foto). Während des Abstreichens das Fell ohne viel Geräusch besprühen. Erst nach und nach Abstand zum Pferd vergrößern, denn das Geräusch und der kitzelnde feine Nebel sind das, was das Pferd verunsichert. Die komplette Übung siehe Kapitel 7 »Problemverhalten und Lösungsansätze«, S. 162ff.

ASSOZIATIVES LERNEN UND KONDITIONIERUNG

Beim assoziativen Lernen spielt, im Gegensatz zum nicht-assoziativen, das Bewusstsein des Tieres eine immer größere Rolle. Die bisher erwähnten Lernformen (Habituation und Sensibilisierung) passieren unbewusst. Bei der nun folgenden klassischen Konditionierung werden reflexartige Verhaltensänderungen oder innere Erwartungen mit bewusst wahrgenommenen Reizen verknüpft. Bei der operanten Konditionierung spielt dann die aktive Beteiligung des Tieres eine wichtige Rolle.

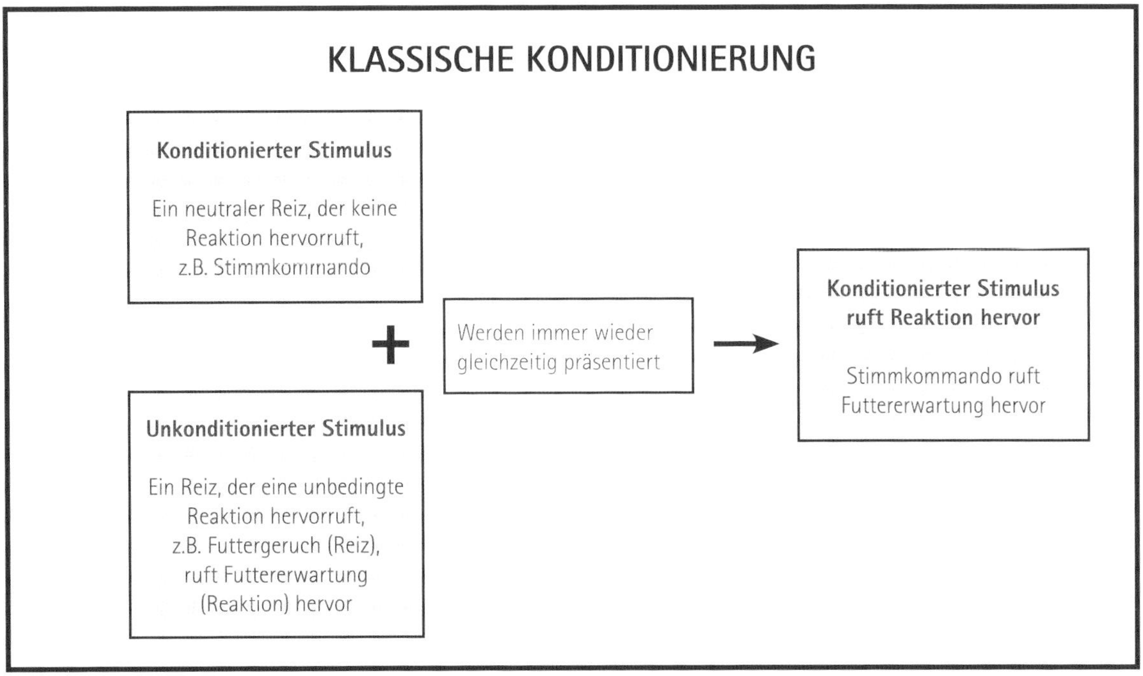

Abb. 11: Klassische Konditionierung: Durch die Verknüpfung (Assoziation) von konditioniertem und unkonditioniertem Stimulus ruft nach der Lernphase der konditionierte Stimulus alleine die Reaktion hervor.

KLASSISCHE KONDITIONIERUNG

Natürlicherweise tritt diese Art von Lernverhalten auf, um positive oder negative Situationen für das Tier vorhersehbar zu machen. So kann das Pferd negative oder gefährliche Konsequenzen vermeiden und positive möglichst herbeiführen. Raschelt oder bewegt sich das Gras, wird im nächsten Moment die Raubkatze aus dem Gras springen und angreifen. Ein

KLASSISCHE KONDITIONIERUNG
Die klassische Konditionierung ist eine assoziative Lernform, bei der es zur Ausbildung von bedingten Reflexen oder Reaktionen kommt. Durch die zeitliche und räumliche Verknüpfung von einem bedingten (konditionierten, neuen) Reiz (z.B. Stimme) und einem unbedingten (unkonditionierten, natürlichen) Reiz (z.B. Futtergeruch) mit einer Verhaltensantwort (z.B. Futtererwartung) ruft später ein ursprünglich neutraler Reiz (Stimme) eine Verhaltensantwort hervor (Futtererwartung), die vorher nur durch den unbedingten Reiz (Futtergeruch) ausgelöst wurde.

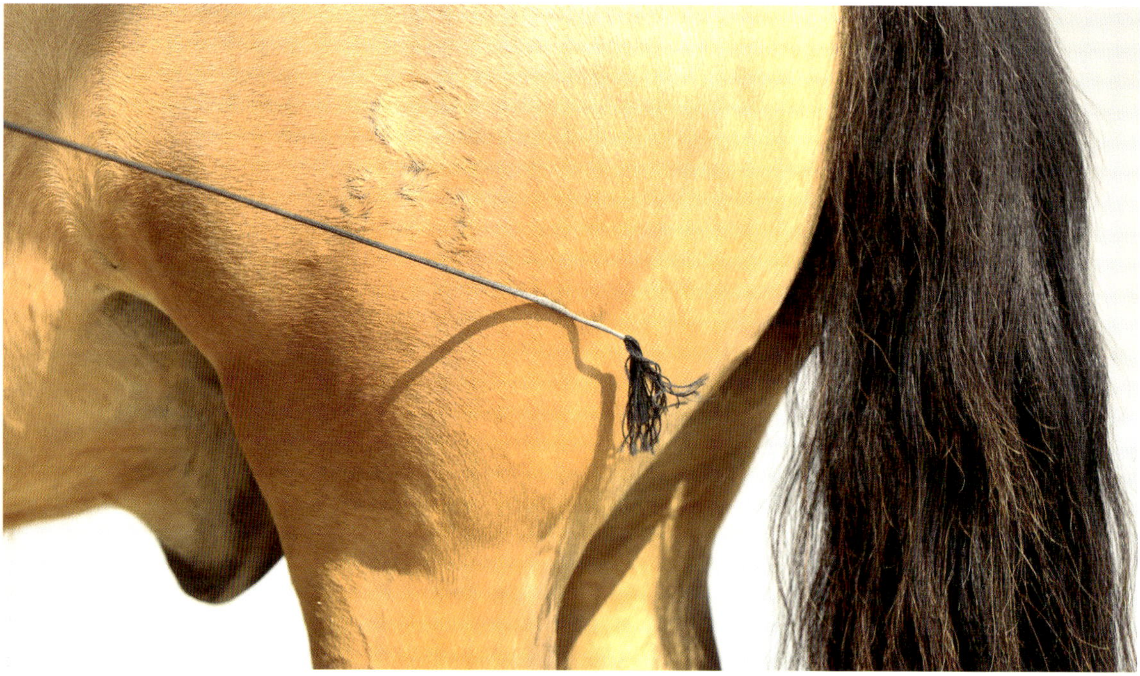

Das Berühren der Gerte für das »Vorwärts« kann als neutraler Reiz mit einem Stimmkommando verknüpft werden.

bestimmter Geruch sagt die Schmackhaftigkeit einer Pflanze voraus oder eine Drohgebärde des Artgenossen, dass er gleich zubeißen wird. Ein Signal, das zuverlässig mit einem bestimmten Ereignis verknüpft – also assoziiert ist – lässt uns auch in die Vorerwartung dieses Ereignisses kommen. Diese Vorerwartung kann positiv oder negativ ausfallen. Der Geruch des Lieblingsessens lässt uns das Wasser im Mund zusammenlaufen, das Geräusch des Zahnarztbohrers versetzt uns in Angst.

Bei der klassischen Konditionierung bringen wir dem Pferd die Bedeutung eines neuen Signals bei, beispielsweise ein Stimmkommando oder eine Schenkelposition. Es wird eine Reaktion ausgelöst auf einen schon verständlichen oder natürlichen Reiz. Beispielsweise touchiert man leicht an der Hinterhand, das Pferd setzt sich in Bewegung und man sagt dazu »Schritt«. Der natürliche Reiz wäre also das Touchieren (da das Pferd natürlicherweise auf eine unangenehme Berührung weichen würde), der neue Reiz das Wort »Schritt«. Damit das Pferd diese Assoziation, also die Verknüpfung von dem Wort »Schritt« und die Reaktion des Losgehens, miteinander verknüpfen kann, ist die zeitliche Abfolge wichtig. Die Aufmerksamkeit muss auf dem neuen Reiz liegen, bevor der alte Reiz kommt oder zeitgleich mit diesem. Hier spricht man von einer Verzögerungs- oder Folgekonditionierung (Abb. 12). So schaffen wir ein effektives Lernen. Wenn wir hingegen den neuen Reiz erst nach dem alten Reiz geben, also zuerst die Gerte einsetzen, die die Vorwärtsreaktion ausgelöst hat, und dann erst »Schritt« sagen, ist es möglich, dass keine Assoziation gebildet wird.

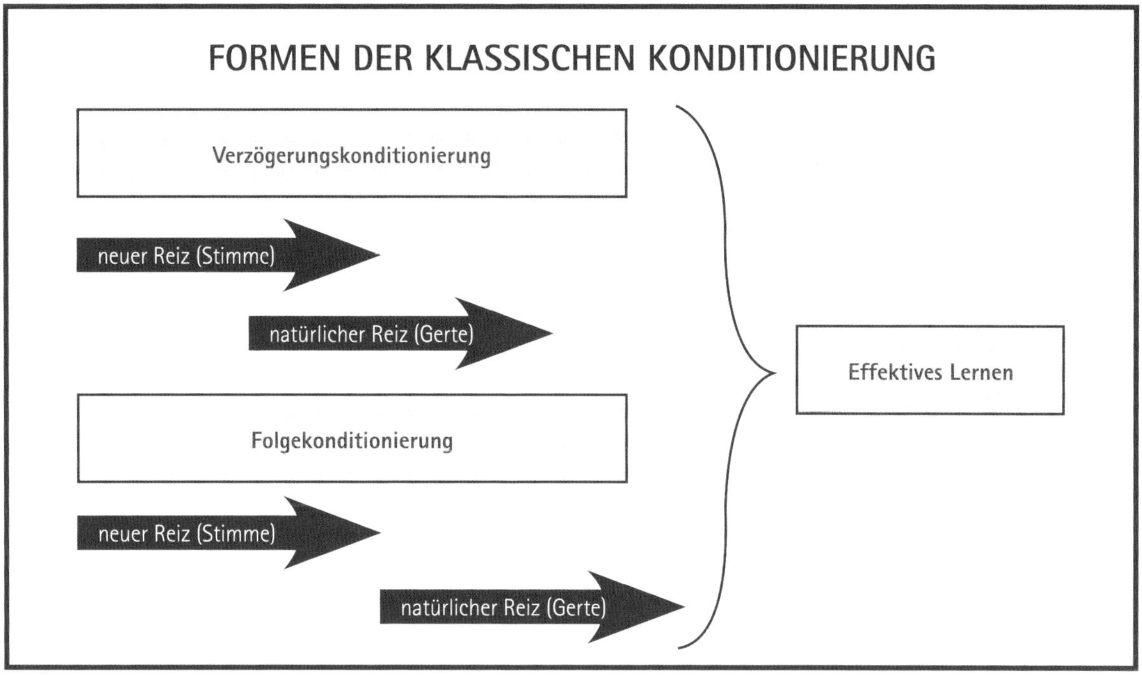

Abb. 12: Die Voraussetzung für ein effektives Lernen ist die richtige zeitliche Abfolge der Reize, die miteinander verknüpft werden sollen. Durch die Verzögerungs- und die Folgekonditionierung entsteht ein effektives Lernen, da die Aufmerksamkeit auf den neuen (zu konditionierenden) Reiz gegeben ist.

Positives Beispiel

Wir nutzen die klassische Konditionierung fortwährend im Training und im Umgang mit dem Pferd – mal gewollt, mal ungewollt. Wie schon beschrieben, ist der Gebrauch von Stimmhilfen ein eindeutiger Fall dieser Konditionierung. Oder aber für das Vorwärts-, Seitwärts- und Rückwärtsgehen oder das Anhalten, bei dem wir dem Pferd beibringen, auf unterschiedliche Schenkelpositionen oder feine Gewichtsverlagerungen zu reagieren. Wenn das Pferd dabei ein Verhalten bewusst abruft, kommen wir auch schon in den Bereich der operanten Konditionierung, dazu später mehr.

Die klassische Konditionierung verknüpft noch relativ unbewusst eine Reiz-Reaktion-Kette miteinander. Diese Reaktion kann eine von außen sichtbare sein: das Vorwärtsgehen auf das Schrittkommando. Oder eine innere Reaktion: eine Futtererwartung auf den Geruch hin. Eine Form von klassischer Konditionierung ist auch, wenn man ein Wort oder einen Laut, wie beim Klicker Training, mit Futter verbindet. Dieser Laut ist dann mit der Futtererwartung verbunden und kann somit, wenn assoziiert, als Stellvertreter für die eigentliche Futtergabe dienen. Bleibt die Verknüpfung allerdings über längere Zeit aus, kann die Bedeutung auch wieder ausgelöscht werden. Man spricht bei dieser Stellvertreter-Rolle von einem sekundären Verstärker (siehe dazu S. 72).

Die klassische Konditionierung nutzen wir auch bei der Verfeinerung der Hilfen. Die Hilfe, die kommt, wird nach und nach immer abstrakter und könnte am Ende gar nicht mehr

Auch in der Zirzensik werden die Hilfen durch Konditionierung immer weiter verfeinert. Für das Ablegen reicht dann nur noch eine kleine Geste.

natürlicherweise mit der eigentlichen Handlung assoziiert werden. Wir verändern also das Signal nach und nach in ein immer feiner werdendes. Beispielsweise das Abkippen des Beckens zum Anhalten oder der Fingerzeig in der Bodenarbeit, um das Pferd von sich weg weichen zu lassen. Auch bei Zirkuslektionen sind am Ende nur noch abgewandelte Signale übrig, beispielsweise das Antippen des Bodens, um das Pferd abzulegen.

Negatives Beispiel

Oft finden im Umgang mit dem Pferd auch ungewollte klassische Konditionierungen statt. Meist dann, wenn ein konditionierter, also vorher unbedeutender Reiz einen negativen Ausgang vorhersagt. Das kann beispielsweise das Motorengeräusch des Tierarztes sein oder spätestens sein Geruch oder das Aufziehen der Impfspritze. Hier ist die innere Vorerwartung, die beim Pferd eintritt, die Angst vor einem Schmerzreiz. Ähnlich ist es beim Klackern des Desinfektionssprays. Einmal mit Schmerzen verknüpft, gerät das Pferd schon beim Geräusch in Unruhe oder sogar Panik. Wie man diesem unerwünschten Lernverhalten begegnet, wird später näher beschrieben (siehe Kapitel 7 »Furchtsames Verhalten«). Zu einem problematischen Verhalten kann auch eine Futtererwartung führen, die verknüpft wird mit einem wiederkehrenden Signal, wie dem Klappern des Futterwagens bei der täglichen Kraftfuttergabe. Diese innerliche Erwartungshaltung löst bei den meisten Pferden

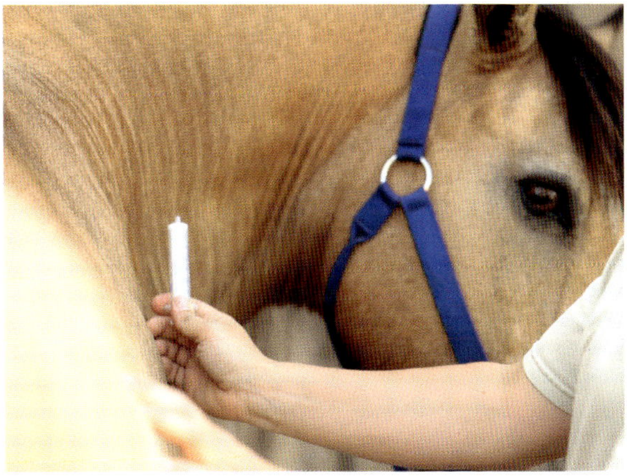

Wenn ein Objekt mit etwas Negativem – wie Schmerz – verknüpft wurde, kann schon der Anblick Angst auslösen.

TIBO UND DIE SHETTYS

Mein Hund Tibo hat als Welpe das erste Mal unsere Shetlandponys gesehen. Er hatte bei der ersten Begegnung mit den kleinen Ponys noch nicht gelernt, dass er eigenständig auf keine Pferdekoppel darf. So kam es, dass er in einem kurzen, unaufmerksamen Moment meinerseits, sich näher heranwagen wollte und unter dem Stromzaun hindurchging. Er war von der Rückenhöhe gerade so hoch, dass er knapp unter der unteren Stromlitze hindurch konnte, allerdings nicht ohne Berührung. Da er leider zu diesem Zeitpunkt auch noch nicht wusste, was Stromzäune auslösen können, kam es, wie es kommen musste: Er bekam einen Stromschlag über die Litze, die seinen Rücken berührte, und blickte dabei auf die Shettys. Er erschreckte sich unglaublich, kam sofort zu mir gerannt und suchte Schutz.

Diese tiefgreifende Assoziation führte dazu, dass er viele Monate lang immer, wenn er Shettys sah, Angst bekam und wegwollte. Er hatte den Schmerzreiz nicht mit dem Stromzaun verbunden, der in diesem Moment gar nicht in seinem Blickfeld war, sondern mit den kleinen Ponys, die er in diesem Schreckmoment sah. Zum Glück löschte sich diese negative Assoziation gegenüber kleinen Ponys wieder, und inzwischen helfen so manche Verhaltensregeln, dass er nicht mehr vom Stromzaun überrascht wird.

einen hohen Stress aus und kann zur Ausbildung von Verhaltensstörungen führen. Häufig sieht man in diesem Zusammenhang das Treten gegen Boxenwände oder das Entwickeln von Aggressionen zum Boxennachbarn. Häufig treten hier auch orale Verhaltensstörungen, wie das Ablecken von Wänden, das Lippenklappern oder das Stangenwetzen auf, was sich als Stereotypie manifestieren kann (siehe Kapitel 7 »Verhaltensstörungen«).

Eine ungewollte Assoziation kann auch entstehen, wenn zufällig ein anderer Reiz mit einem negativen Erlebnis verbunden wird. Das Pferd erschreckt sich beispielsweise beim Ausreiten vor einem Reh, das hinter einer Parkbank herausgesprungen kommt. Beim nächsten Ausritt kann diese Parkbank schon die negative Vorerwartung auslösen.

OPERANTE KONDITIONIERUNG

Bei der operanten Konditionierung tritt ein Verhalten immer häufiger auf, weil es verstärkt wird. Verstärkung bedeutet in diesem Fall, dass auf das Verhalten des Pferdes eine positive Konsequenz folgt. Dabei ist es wichtig, die Begrifflichkeiten nicht zu verwechseln (siehe Kasten S. 72 und 73). Durch eine bestimmte Verhaltensantwort wird eine Motivation befriedigt, zum Beispiel der Hunger. Das Verhalten des Pferdes wird also das Instrument seines Erfolges – deswegen auch »instrumentelle« Konditionierung. Hier ist also im Gegensatz zu den bislang angesprochenen Lernformen eine aktive Beteiligung des Pferdes Voraussetzung und das Lernen passiert bewusst.

Evolutiv hat sich dieses Lernverhalten entwickelt, um bewusst positive Konsequenzen herbeizuführen und negative Konsequenzen zu vermeiden. So lernt das Fohlen schon in seinen ersten Stunden, das Euter der Mutter durch ein bestimmtes Suchverhalten möglichst schnell zu finden. Hier helfen ihm natürlich auch instinktive Signale, wie beispielsweise der Geruch der Mutter oder der Schlüsselreiz des rechten Winkels: Hinterhand-Bauch der Mutter. Die beste Technik lernt es allerdings durch Versuch und Irrtum. Belohnt wird dieses Verhalten sofort durch das Erreichen der schmackhaften Milch.

Das aktive Vermeiden von negativen Konsequenzen spielt sich während der sozialen

OPERANTE KONDITIONIERUNG

Die operante (oder instrumentelle) Konditionierung ist eine Form des assoziativen Lernens. Im Gegensatz zur klassischen Konditionierung setzt sie eine aktive Beteiligung des Individuums durch Motivation voraus. Ein zunächst zufällig auftretendes Verhalten wird durch Verstärkung häufiger gezeigt. Wichtig ist ein strenger zeitlicher Zusammenhang (Kontiguität) sowie eine Regelhaftigkeit (Kontingenz) zwischen Verhalten und Verstärkung (Gattermann 2006).

Kommunikation in der Herde ab: zu weichen, bevor man gebissen oder getreten wird, setzt eine aktive Beteiligung des Tieres voraus. Hier haben wir es mit der natürlichsten Form der negativen Verstärkung – das Vermeiden eines unangenehmen Reizes – zu tun (siehe Wissenschaftskasten). Die verstärkende Belohnung liegt darin, dass der Druck, der auf das rangniedrigere Pferd durch die Drohgebärde ausgeübt wird, schlagartig wegfällt, sobald es weicht.

Die Begriffe der positiven und negativen Verstärkung werden in der Pferdewelt häufig falsch verwendet, dabei wird die negative Verstärkung gerne mit der Bestrafung verwechselt.

Die Drohgebärde läuft in Reizstufen ab. Sobald der rangniedrige Artgenosse ausweicht, wird dieses Verhalten negativ verstärkt: Der Ranghöhere beendet das Drohsignal.

»MEIN PFERD SOLL NUR MIT POSITIVER VERSTÄRKUNG GERITTEN WERDEN!«

Eine Dame rief mich an, sie engagierte mich zur Ausbildung ihres Tinkers. Ich kam zu einer etwas matschigen Hangweide, auf der ein paar halbwilde Tinker lebten. Das Leben in der Gruppe und auf einer schönen großen Weide war für die Tiere sicherlich nahezu ideal, aber zum Anreiten war der Platz alles andere als optimal. Es war zu der Zeit, als es unser Ausbildungszentrum noch nicht gab und ich Pferde auch vor Ort, unter manchmal eher fragwürdigen Bedingungen trainierte. Heute ist mir aus Sicherheitsgründen und aus Gründen der Kontinuität ein guter Trainingsort mit seinen wiederkehrenden Abläufen und sicheren Voraussetzungen äußerst wichtig. An das recht abenteuerliche Annähern und an das Aufsteigen von einem wackligen Strohballen aus, gewöhnte ich mich noch. Aber bei den ersten Reitversuchen meinte die Besitzerin, sie wolle, dass ihr Pferd nur mit positiver Verstärkung und Stimmkommandos trainiert werde, sie hätte dies schon mal gehört und wolle nichts Anderes für ihr Tier. Ich solle es bloß nicht mit negativer Verstärkung belangen, sie wolle nur das Beste für ihr Pferd. In diesem Falle bleibt einem als Trainer nur die Möglichkeit, den Sachverhalt objektiv zu klären und darauf zu hoffen, dass der Besitzer sich, trotz vermeintlichem Fachwissen, noch belehren lässt und sich zum Wohle des Pferdes weiterbildet. Ich hätte gerne einen positiveren Ausgang der Geschichte erzählt, aber die Wege trennten sich.

Ich befürchte, dass der Tinker bis heute über die Grundlagen, die wir damals geschaffen haben, nie hinausgekommen ist und nicht geritten wird – für ihn ja nicht unbedingt das Schlechteste.

Sowohl die positive als auch die negative Verstärkung fördern das Auftreten des gewünschten Verhaltens. Laut Definition sehen wir, dass die negative zumindest kombiniert mit der positiven Verstärkung diejenige ist, die beim Reiten am meisten Verwendung findet. Der Schenkeldruck lässt beim korrekten Seitwärtsgehen sofort nach (negative Verstärkung) und es folgt zusätzlich ein stimmliches Lob (positive Verstärkung). Dies ist nicht schlimm, weil beide ja auf dem Prinzip des positiven Ausgangs beruhen. Bestrafung hingegen versucht, ein Verhalten zu unterbinden und kann nie so effektiv sein, wie ein Verhalten, welches durch Verstärkung konditioniert wurde.

Die positive Verstärkung kann eine Futterbelohnung sein (Bild 1), aber auch eine Pause in entspannter Haltung (Bild 2).

VERSTÄRKUNG

Von **positiver Verstärkung** spricht man, wenn einem zunächst zufällig auftretenden Verhalten ein positiver Reiz hinzugefügt wird. Das muss nicht immer eine Futterbelohnung sein, sondern kann auch ein Lobwort oder eine Pause sein.

Bei der **negativen Verstärkung** wird hingegen nach der gewünschten Reaktion des Pferdes ein unangenehmer (aversiver) Reiz weggenommen, beispielsweise der Schenkel- oder Zügeldruck. Beide Verstärkungsmechanismen haben also einen positiven Ausgang. Negativ bedeutet in diesem Fall nicht, dass man das Pferd bestraft, dies wird von der Begrifflichkeit her häufig falsch verstanden.

Beim Umgang mit dem Pferd spielen mehrere Lernformen zusammen. Die klassische und die operante Konditionierung werden häufig miteinander verknüpft. Ein über die klassische Konditionierung erlernter Reiz, wie z.B. der Schenkeldruck, löst ein Verhalten aus, z.B. das Seitwärtstreten, und wird verstärkt durch Wegnehmen des Drucks (negative Verstärkung). Um richtig zu kommunizieren und um dem Pferd verständlich zu machen, welches das »richtige« Verhalten ist, was es zeigen soll, ist das richtige Timing von Reizgebung, Reizintensivierung und das sofortige Wegnehmen des Reizes, also die Belohnung, Grundvoraussetzung.

Wenn das Pferd lernt, von jeglichem Druck, der vom Menschen ausgeht, zu weichen, ist eine der wichtigsten Konditionierungen und Grundprinzipien der Kommunikation geschaffen. Das kann das Touchieren mit einer Gerte oder der Druck des stellenden Zügels sein, um dem Pferd zunächst dieses Grundprinzip beizubringen. Vom Boden wird deutlich, dass selbst der »Druck«, den man durch eine gezielte Körperspannung aufbauen kann, für das Pferd als Signal verstanden wird (siehe Übungen Kapitel 6). In der guten Kommunikation ist hierfür keine hohe Druckintensität nötig. Das Pferd ist grundsätzlich aufmerksam und sensibel auf die Signale des Menschen.

Ein unfaires Verhalten wäre es, zu bestrafen, wenn das Pferd nicht versteht, was es machen soll, oder in diesem Moment nicht in der Lage ist, zu reagieren. Beispielsweise wenn es abgelenkt ist oder aus anderen Gründen den Reiz nicht wahrnehmen kann. Es wäre auch möglich, dass es aus Schmerz die Reaktion nicht zeigen kann oder der Reiz im falschen Moment gegeben wurde (z.B. nicht beim Abfußen des seitwärtstretenden Beines). Wenn man sich zu einer Bestrafung hinreißen lässt, verliert man nicht nur das Vertrauen des Pferdes, sondern kann im schlimmsten Falle Angststörungen hervorrufen.

Positives Beispiel

Alle komplexeren Verhaltensabläufe vom Boden wie vom Sattel aus unterliegen der operanten Konditionierung. Aber auch grundlegende Verhaltensreaktionen, wie das Nachgeben auf den Zügeldruck, gehört hierzu. Der Reiz, den der Reiter setzt, ist der Druck am Maul. Das Pferd sucht eine Lösung für das Problem, wenn es zunächst zufällig das richtige Verhalten zeigt – im Genick auf den Zügel nachzugeben. Der aversive Reiz

BESTRAFUNG

Die Bestrafung zielt darauf ab, eine Verhaltensantwort auszulöschen. Die Wahrscheinlichkeit, dass dieses Verhalten auftritt, soll gesenkt werden, indem entweder etwas Angenehmes entzogen wird (Futter, Aufmerksamkeit) oder eine unangenehme Konsequenz folgt (Schmerz). Bei Nicht-Strafe würde das ursprüngliche Verhalten wieder auftauchen.

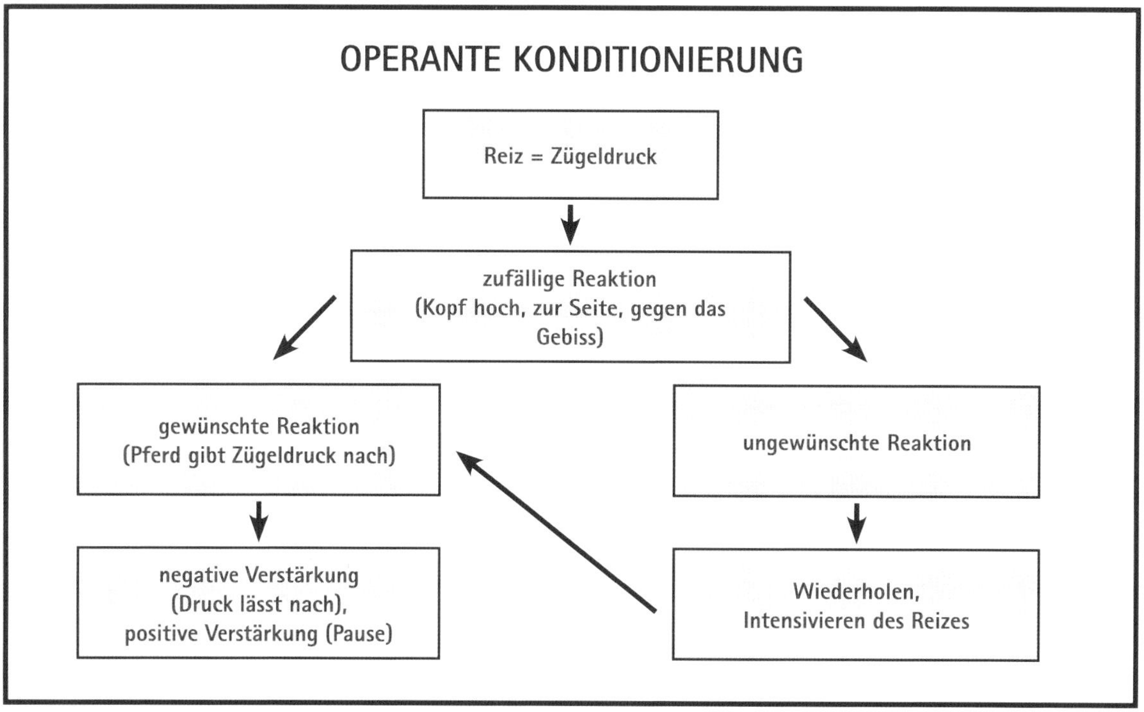

Abb. 13: Die Abbildung zeigt den schematischen Ablauf einer operanten Konditionierung auf eine reiterliche Hilfe. Das Pferd lernt, den Reiz »Zügeldruck« mit dem Verhalten »Nachgeben« zu verbinden.

lässt sofort nach (Abb. 13). Ein klares Beispiel von negativer Verstärkung. Wenn wir uns eine komplexere Dressurlektion vorstellen, beispielsweise eine Piaffe, muss das Pferd gleich mehrere Reize des Reiters (Gewichts-, Schenkel- und Zügelhilfe) wahrnehmen, unterscheiden und richtig darauf reagieren. Hier haben im Vorfeld mehrere Lernschritte stattgefunden, um die erwünschten Reaktionen auf die einzelnen Reize zu konditionieren.

Negatives Beispiel

Die operante Konditionierung liegt auch vielen Verhaltensweisen zu Grunde, die wir später als Problemverhalten deklarieren, beispielsweise das Steigen oder das Bocken unter dem Sattel. Das Pferd hat durch ein zunächst einmaliges Auftreten dieses Abwehrverhaltens eine positive Konsequenz verknüpft. Das kann das Nachlassen des Zügeldrucks gewesen sein, oder der Reiter ist unfreiwillig abgestiegen, was den unangenehmen Druck von oben komplett beseitigt hat. Um solch ein massives Abwehrverhalten zu zeigen, muss das Pferd beim erstmaligen Auftreten in eine Drucksituation gebracht worden sein, in der es diese Problemlösung als die einzig adäquate wahrgenommen hat. Man muss dieses Verhalten klar dem Fehlverhalten des Menschen zuschreiben. Wenn ein Pferd bereits dieses Verhalten als Lösungsstrategie gelernt hat, hilft nur eine Gegenkonditionierung (siehe Kapitel 7 »Problemverhalten und Lösungsansätze«, S. 155).

Wir finden unerwünschte operante Konditionierungen aber auch in weniger schweren Fällen. Immer wieder beobachte ich, dass eine

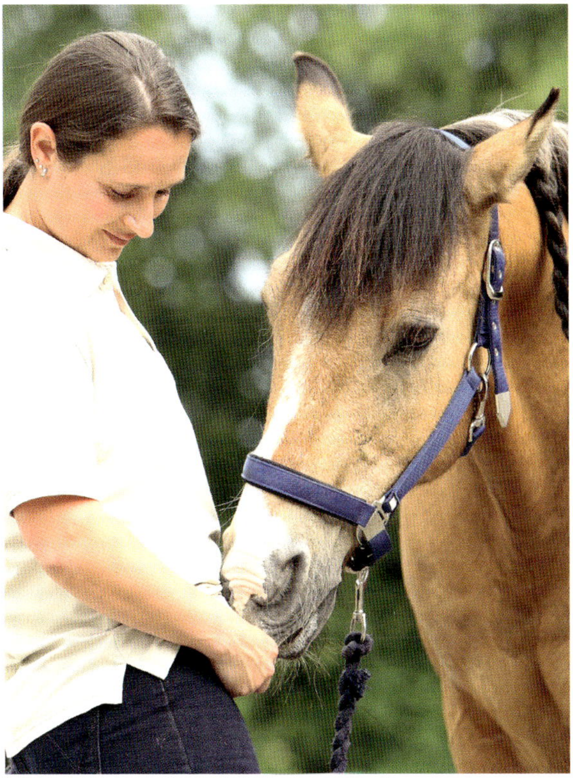

Das Pferd sollte nicht von sich aus Futter einfordern und den Menschen bedrängen. Diese Distanzlosigkeit darf nicht noch mit Futter belohnt werden.

Distanzlosigkeit seitens des Pferdes ungewollt verstärkt wird, entweder durch Ausweichen des Menschen oder sogar durch Futtergabe: Das Pferd stupst und wühlt an den Taschen des Menschen und bekommt genau aus dieser Tasche in dem Moment ein Leckerchen. Nicht zwangsläufig, aber es kommt vor, dass das Pferd aus der Distanzlosigkeit heraus ein Drohen bis hin zu einem aggressiven Verhalten gegenüber dem Menschen entwickelt. Bei dieser erlernten Aggression, die grundsätzlich erst einmal nichts mit einem gleichzeitig dominanten Pferd zu tun hat, ist Vorsicht geboten. Hier muss eine Umkonditionierung im Verhaltenstraining stattfinden.

WAS EMPFINDET DAS PFERD ALS LOB?

Was uns als erstes in den Sinn kommt, wenn wir von Loben sprechen, ist wohl die Futterbelohnung oder das verbale Loben. Die Futterbelohnung ist tatsächlich ein sehr direkter Verstärker. Ein Lob-Wort (ähnlich dem Prinzip des Klickers) ist, wie schon beschrieben, ein sekundärer Verstärker. Das heißt, das Pferd muss erst einmal die Verknüpfung zwischen einem Wort und einem positiven Ausgang hergestellt haben. Das kann durch die Kombination mit Futter passieren, aber auch durch die Kombination mit etwas anderem Positiven. Was ein sehr gutes Lob darstellt, ist eine kurze Entspannungspause. Das kann beim Reiten eine kurze Pause im Schritt sein, aber auch eine Pause im Halten. Eine Pause mit gesenktem Kopf (siehe Kapitel 7 »Übung Kopfsenken«, S. 159) ist dabei noch effektiver (siehe »Facial Feedback«, S. 76). Jegliches Wegnehmen eines Drucks (körperlich und psychisch) stellt für das Pferd ein Lob dar (negative Verstärkung). Die »klassischen« reiterlichen Hilfen, also den Schenkel- oder den Zügeldruck wegzunehmen, aber auch den Druck wegzunehmen, der über die Körperspannung vermittelt wird, vom Boden wie vom Sattel aus, empfindet das Pferd als Lob. Das Pferd an den Hals zu klopfen hingegen, muss für dieses nicht unbedingt mit etwas Positivem verknüpft sein. Besser ist es, das Pferd im Bereich des Widerrist zu kraulen. Dies ist eine Stelle, die auch bei der sozialen Interaktion eine wichtige Rolle spielt. Wird die Haut um den Widerrist stimuliert, schüttet das Pferd Oxytocin aus (das Bindungshormon) und reduziert sogar den Herzschlag (Feh und Mazicres 1993). Hier kann man also, wie beim Kopfsenken, körpereigene Botenstoffe als positive Verstärker nutzen.

Unter natürlichen Bedingungen senkt das Pferd den Kopf beim Grasen oder Dösen. In diesen Momenten besteht keine Fluchtgefahr.
Die Haltung löst eine entspannte Emotion aus.
Wir können diese Haltung konditionieren und damit Entspannung abrufbar machen (vom Boden und vom Sattel aus).

FACIAL FEEDBACK

Die »Facial Feedback-Theorie« besagt, dass wenn man die Muskulatur nutzt, die mit einer bestimmten Emotion verknüpft ist, wie bestimmte Gesichtsmuskeln beim Lachen – also künstlich lacht – ohne dass einem in diesem Moment danach zumute wäre, das Gehirn die Rückkopplung erhält, dass der Körper lacht. Daraufhin wird die Emotion »Freude« tatsächlich ausgelöst.

TIMING

Wenn wir bei Konditionierungen eine schnelle und stabile Verknüpfung erreichen wollen, ist das richtige Timing von Reizintensivierung und direktem positiven Feedback äußerst wichtig. Das Pferd kann die Verknüpfung von Verhalten und positiver Konsequenz nur innerhalb weniger Sekunden herstellen. Wenn also ein effektives Lernen stattfinden soll, ist die eigene Kontrolle über das richtige Handeln essentiell. Würde man zu lange auf eine Reaktion warten, würde sich eine Habituation auf den Reiz einstellen, da dieser für den Empfänger, das Pferd, dann keinen Informationswert mehr darstellt. Lobt man zu einem falschen Zeitpunkt, beispielsweise mit Drucknachlass, wird genau das Verhalten des Drucknachlasses vom Pferd als richtige Reaktion verknüpft. Der Timing Fehler, der häufig entsteht, ist, dass man lobt, wenn das gewünschte Verhalten noch gar nicht eingetreten ist oder schon wieder vorbei ist. (Entweder das Pferd geht noch gegen den Zügeldruck oder schon wieder – und die Nachgiebigkeit dazwischen haben wir verpasst.) Übt man beispielsweise den Seitwärtsgang, muss man das Verhalten verstärken, genau dann, wenn das Pferd die Bewegung selbstständig und in einer guten Dynamik ausführt. Wenn dieser Moment vorbei ist und man die Übung beendet, wenn der Takt und die Dynamik bereits nachgelassen haben, oder das Pferd bereits über die Schulter fällt, ist es für die effektive Verbesserung der Übungen zu spät. Ein weiteres Beispiel wäre der Turn oder die Hinterhandwendung. Es ist wichtig, den perfekten Moment zu bekommen und dann das Pferd aus der Drehung zu entlassen. Der Mensch ist oft nur einen kurzen Moment zu spät dran, dies verhindert aber,

Bei der dynamischen Hinterhandwendung ist das Pferd bereits sehr sensibel auf den Schenkel. Durch einen Initialimpuls baut das Pferd Geschwindigkeit auf.

dass das Pferd motiviert wird, immer wieder genau diesen dynamischen Moment herbeizuführen. Nur so bekommt man ein Pferd, das irgendwann nach einem Initial-Signal im Spin von selbst Geschwindigkeit aufbaut, ohne dass es noch aktiv getrieben werden muss.

Das Pferd ist dem Menschen gegenüber aufmerksam und motiviert.

MOTIVATION

Motivation ist einer der wichtigsten Grundsteine des Lernens. Nur ein Pferd, das weiß, wofür es ein bestimmtes Verhalten zeigt, wird dieses Verhalten auch gerne und auf feine Signale hin immer wieder zeigen.

Im praktischen Umgang mit dem Pferd bedeutet Motivation nicht nur ein reaktives, freudig mitmachendes Pferd, das mit Begeisterung auf unsere Signale reagiert und uns wiehernd auf der Koppel entgegenkommt. Motivation kann auch dazu führen, dass sich von uns unerwünschtes Verhalten manifestiert (siehe Problemverhalten). Immer wenn das Pferd ein bestimmtes Verhalten mit einem positiven Ausgang verknüpft (durch positive oder negative Verstärkung), wird es dieses Verhalten vermehrt zeigen. Auf der anderen Seite wird es auch motiviert sein, ein Verhalten, welches mit einer negativen Konsequenz behaftet ist (wie Schmerz oder Stress), zu vermeiden. Das Pferd kann im Vorfeld nicht wissen, was sich der Mensch von ihm für Reaktionen wünscht. Also liegt es an uns, darauf zu achten, dass das Pferd genau zu den Verhaltensweisen motiviert ist, die wir als »richtig« empfinden. Dies schaffen wir mit den schon beschriebenen Faktoren der konsequenten und effektvollen Signalgebung und dem guten Timing im Lob.

MOTIVATION

Motivation ist ein überlebenswichtiges natürliches Phänomen. Durch Motivation werden Grundbedürfnisse des Körpers befriedigt. Dazu gehören die Nahrungs- und Wasseraufnahme, das Sexualverhalten und z.B. das Vermeiden von Schmerz. Man verspürt also einen starken innerlichen Antrieb, z.B. Durst, etwas zu trinken, wenn sich zu wenig Flüssigkeit im Körper befindet. Motivation dient im Grunde dazu, dass der Organismus das überlebenswichtige Gleichgewicht im Körper wieder herstellt, die sogenannte Homöostase.

Sowohl zu wenig Motivation (Untermotivation), als auch zu viel Motivation (Übermotivation) kann das Lernen erschweren oder sogar verhindern. Bei einem übermotivierten Pferd werden hintereinander viele Verhaltensweisen »abgespult«, ohne dass noch konzentriert auf das Signal geachtet wird, was eigentlich gegeben wird. Ein übermotiviertes Pferd kann sogar Stress empfinden, wenn es beispielsweise bei Zirkuslektionen nur auf die Futterbelohnung fixiert ist. Diese Futtererwartung kann von einer hohen innerlichen und äußerlichen Spannung, bis hin zu aggressivem Verhalten dem Menschen gegenüber führen. Das gute Maß der Motivation ist also ausschlaggebend!

DAS ERLERNEN VON VERHALTENSABLÄUFEN

In wissenschaftlichen Lerntests werden sehr klare Entscheidungen verlangt, um eindeutig eine Reaktion als »richtig« oder »falsch« deklarieren zu können. So wird beispielsweise den Pferden beigebracht, bei Unterscheidungstests auf bestimmte Symbole, mit Berühren eines Symbols mit der Nase, die Antwort anzuzeigen. In der Praxis ist eine ganz klare Reaktion oft schwierig abzurufen oder zu bemerken, besonders wenn es um Bewegungsabläufe geht, wie in Dressurlektionen, die sich erst nach und nach dem gewünschten Ziel nähern. Hier ist es ganz wichtig, auch schon den Ansatz der richtigen Antwort zu belohnen. Vielleicht sogar bereits, wenn man merkt, das Pferd beschäftigt sich mit der richtigen Lösungsfindung. Wenn man schon die Tendenz des später gewünschten Verhaltens positiv besetzt, wäre dies ideal für den Lernfortschritt und das Verständnis für »richtig« und »falsch« des Pferdes. Beispielsweise kann das beim Seitwärtsgehen schon die Gewichtsverlagerung des Pferdes in die richtige Richtung sein. Dafür muss der Mensch es natürlich selbst fein wahrnehmen können.

AB WANN GILT EINE KONDITIONIERUNG ALS GELERNT?

In wissenschaftlichen Studien testet man in sogenannten Lernsessions. Diese Sessions beinhalten eine bestimmte Anzahl an Reiz-Reaktions-Durchgängen. Beispielsweise wenn ein Pferd zwei verschiedene geometrische Zeichen auseinanderhalten soll, beinhaltet eine Session 20 Entscheidungsfindungen. Wenn von diesen 20 Durchläufen 18 richtig sind und dies in zwei aufeinanderfolgenden Sessions (2 x 80 %), dann geht man statistisch davon aus, dass die Entscheidungen nicht mehr zufällig sind. Das Pferd hat also gelernt, für welches Verhalten es seine Belohnung bekommt. Es hat eine operante Konditionierung stattgefunden.

EINFLUSSFAKTOREN AUF DAS LERNEN

Wenn wir mit dem Pferd erfolgreich kommunizieren wollen, muss uns als Mensch bewusst sein, dass das Wahrnehmen, Verstehen und Umsetzen unserer Signale vielen Einflussfaktoren unterworfen ist. Wenn das Pferd nicht versteht, was wir von im wollen, und es in unseren Augen »falsch« reagiert, wird es häufig als »stumpf«, »dickköpfig«, »guckig« oder sogar als uns »ärgernd« oder »hinterhältig« bezeichnet. Deswegen sollten wir uns vor Augen führen, welche Einflussfaktoren zu beachten sind, wenn ein guter Lerneffekt erzielt werden soll.

Alter

Das Gehirn verliert im Laufe des Lebens an Plastizität, also an Formbarkeit. Man kann also davon ausgehen, dass jüngere Pferde neuronal bessere Voraussetzungen für das Lernen haben als ältere. Allerdings sind ältere Pferde oft gelassener. Das bedeutet damit auch nicht so schnell ablenkbar, dies kann wieder ein klarer Vorteil für das Abspeichern neuer Lerninhalte sein.

Geschlecht

Es gibt keine klaren wissenschaftlichen Erkenntnisse darüber, ob Stuten, Wallache oder Hengste besser lernen. Da Stuten und Hengste aber oft ihrem hormonellen Status unterworfen sind, können diese physiologischen Schwankungen sich natürlich auf die Aufmerksamkeit und die Tagesform auswirken und das Lernen in manchen Situationen als schwerer erscheinen lassen.

Rasse

Pferderassen sind aus ihrer verschiedenen Nutzung heraus entstanden. So soll das Kaltblut eher schwere Gegenstände und Kutschen ziehen und dabei gelassen sein und das Vollblut schnell seine körperlichen Ressourcen für das Rennen freisetzen. So sind manche Rassen von ihrem Verhalten her gelassener, andere leichter erregbar. Wenn ein ruhigeres Pferd in einem Lerntest besser abschneidet als ein eher aufgebrachtes, hat dies nichts mit »dumm« oder »schlau« zu tun. Durch die höhere Erregbarkeit ist das eine Pferd eventuell mehr mit Umweltreizen beschäftigt, als mit den eigentlichen Lernreizen. Hier spielt es eine entscheidende Rolle, die Aufmerksamkeit eines jeden Pferdes auf den jeweiligen Lernreiz zu richten und dabei seine gegebenen Eigenschaften, wie z.B. die Ablenkbarkeit, zu berücksichtigen.

Vorerfahrung

Die Vorerfahrung des Pferdes spielt oft eine entscheidende Rolle für die Effektivität und die Geschwindigkeit des Lernens. Negative Assoziationen sind beispielsweise viel schwieriger wieder umzulernen und der negativ verknüpfte Reiz wieder positiv zu besetzen, als wenn das Pferd noch gar keine Erfahrung mit diesem Reiz gemacht hat, also »naiv« ist. Diese Reize können Situationen, Geräusche, Bewegungen, Gerüche oder der Mensch selbst sein. Positive Vorerfahrung hingegen können das Lernverhalten auch sehr positiv beeinflussen. Wenn der Umgang mit dem Menschen oder die Trainingssituation an sich positiv gestaltet wird, hat man die besten Voraussetzungen, dass das Pferd motiviert ist (siehe oben), und auch immer wieder willens ist, die Signale des Menschen richtig zu beantworten.

Nach einer guten Reaktion wirkt die Pause als Lob.

Konzentrationsfähigkeit

Wie schon erwähnt, kann die Ablenkbarkeit individuelle, rassebedingte oder geschlechtsbedingte Ursachen haben. Das Pferd als Fluchttier ist prädestiniert dafür, sich von potentiell gefährlichen Außenreizen ablenken zu lassen. Es hat zusätzlich als Herdentier immer ein großes Bedürfnis, zu seinen Artgenossen zu gelangen, ist also hoch sensibel auf soziale Reize, die von anderen Pferden oder der Herde kommen. Wie auch der Mensch, kann sich das Pferd nur auf eine Sache gleichzeitig konzentrieren. Die Fähigkeit zum »Multitasking« besitzt weder der Mensch noch ein Tier. In der Kommunikation mit dem Pferd müssen wir es nun schaffen, die für das Pferd relevanten Reize zu setzen, die selbst wichtiger werden, als die vermeintlich gefährlichen oder sehr verlockenden Außenreize, wie beispielsweise die Artgenossen. Die Ablenkbarkeit des Pferdes steigt in dem Maße, wie die Konzentrationsfähigkeit (auf eine Aufgabe) sinkt (Abb. 14, S. 82). Die Konzentrationsspanne, also die Zeit, in der sich das Pferd auf eine Aufgabe oder mehrere Aufgaben hintereinander konzentrieren kann, ist dann überschritten. Es ist äußerst wichtig, dem Pferd nach einer guten Reaktion oder guten Sequenz von mehreren Reaktionen nicht nur eine körperliche, sondern auch eine geistige Pause zu geben. Dadurch tritt sofort ein belohnender Effekt ein.

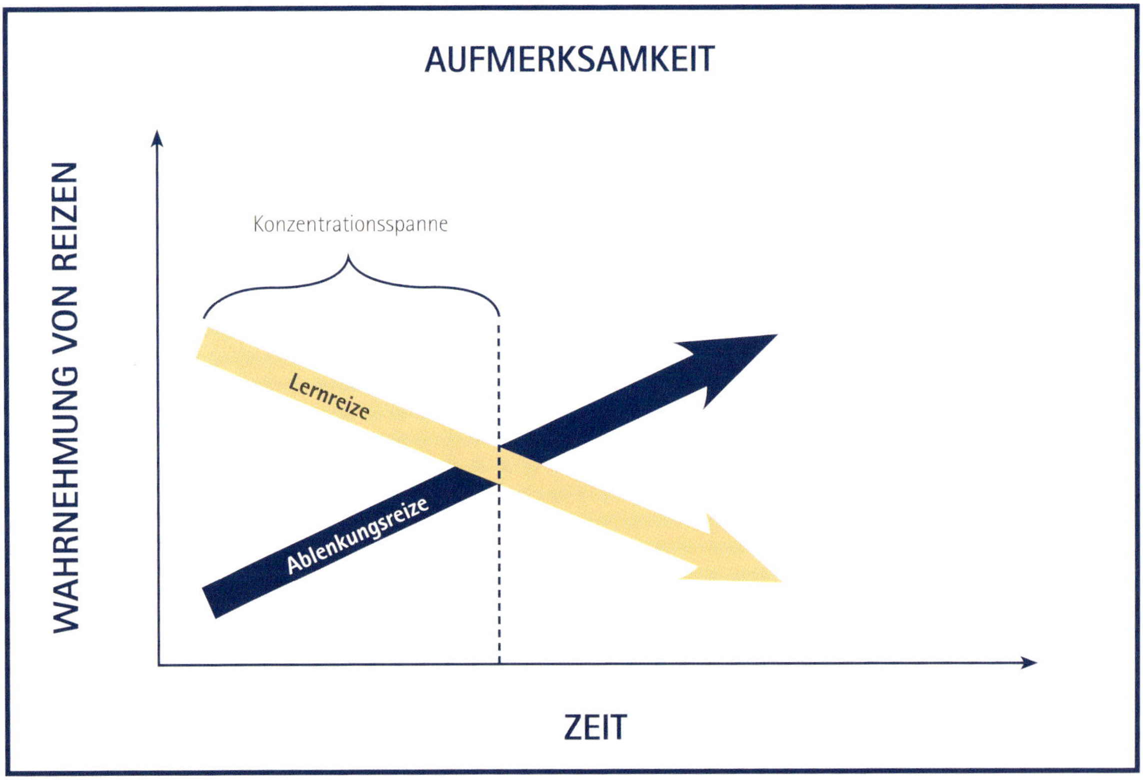

Abb. 14: Die Konzentrationsspanne dauert so lange an, bis Ablenkungsreize stärker wahrgenommen werden, als die eigentlichen Lernreize.

Man sollte selbst seine Aufmerksamkeit und Achtsamkeit dem Pferd gegenüber schulen, um rechtzeitig zu erkennen, wann die Aufmerksamkeit des Pferdes zu schwinden droht. Wohin seine Aufmerksamkeit gerichtet ist, ist nicht unbedingt am Blick, sondern vielmehr an den Ohrmuscheln erkennbar. Spätestens wenn sich beide Ohrmuscheln auf eine Richtung fokussieren, sollte die Aufmerksamkeit wieder auf den Menschen gelenkt werden. Wenn das Pferd erst seinen Kopf hebt und zunächst die Rückenmuskulatur und dann seinen gesamten Körper anspannt, befindet es sich in Alarmbereitschaft, einem Zustand, der jeden Moment zu einem Fluchtverhalten führen kann. Mit einem Reizinput des Menschen sollte die Aufmerksamkeit wieder auf diesen gerichtet werden, und somit auch die Ohrmuschel des zu ihm gerichteten Ohres (vom Boden aus) oder beide Ohrmuscheln (vom Sattel aus) ihm zugewandt werden.

Motivation – wann sind unsere Signale relevant fürs Pferd?

Wie schon oben beschrieben, ist Motivation einer der Hauptfaktoren für das effektive Lernen und letztlich auch für die Zusammenarbeit von Mensch und Pferd. Umso lohnenswerter die Aufmerksamkeit auf den Menschen als Reizgeber ist, desto eher werden diese Reize als relevant angesehen. Es lohnt sich für das Pferd auf der einen Seite, auf Reize zu reagieren,

Die Neigung der Ohrmuscheln zeigt die Aufmerksamkeit des Pferdes an. Hier sind das innere Ohr und der Blick auf den Menschen gerichtet. Das Pferd ist sehr aufmerksam.

Immer wieder neuen Aufgaben zu begegnen, fördert das Lernverhalten des Pferdes. Das Pferd lernt außerdem, dem Menschen in zunächst ungewohnten Situationen zu vertrauen.

wenn es für das Antwortverhalten eine Verbesserung seines Zustandes erwarten kann, beispielsweise durch Futter oder Pause. Auf der anderen Seite ebenso, wenn das Ignorieren der Signale zu einer Verschlechterung des Zustandes führen könnte, wie beispielsweise durch Schmerz oder Stress. Wenn man sich das natürliche Verhalten gegenüber eines ranghöheren Artgenossen betrachtet, hätte ein Nicht-Reagieren auf ein Drohen hin die Konsequenz eines Bisses oder Trittes. Es wird also äußerst wichtig für den Rangniedrigeren, den Ranghöheren zu beachten und nicht zu lange mit der richtigen Verhaltensantwort zu warten. Natürlich »treten« und »beißen« wir nur im übertragenen Sinne und sollten tunlichst Schmerz und negativen Stress aus unseren Konsequenzen verbannen. Aber wir steigern die Intensität unseres Signals ebenfalls: Von der niedrigsten, feinsten Intensität – der Intention und dem Blick – bis zu der Reizstärke, die die Reaktion des Pferdes auslöst – dem Überscheiten der Reizschwelle (siehe Abb.15 »Signaldynamik«, S. 93). Wenn wir immer mit unserer Signalgebung konsequent umgehen, im Timing, in der Signalintensität und auch dem Lob, werden wir dem Pferd gegenüber die Relevanz unserer Signale gut vermitteln können. Diese klare Signalgebung erreichen wir auch durch eine klare Einstellung dem Pferd gegenüber als gute Leitfigur (siehe Kapitel 4 »Der Mensch als Leitfigur«).

Lernen zu lernen

Umso mehr Lernreize das Pferd erfährt und die Aufgabe dahinter verstehen lernt, desto schneller wird es neue Aufgaben lösen können. Wenn das Pferd dann noch die Erfahrung macht, dass auch zunächst schwierige

Aufgaben lösbar sind, ohne dass es unter zu hohen Druck oder Stress gerät, wird die Motivation auch immer weiter steigen, diese Aufgaben zu lösen. Das bedeutet: Alle neuen und unvertrauten Situationen, welche das Pferd im Beisein und mit der Unterstützung des Menschen positiv lösen kann, und die im Guten enden, werden dazu führen, dass auch das Vertrauen zum Menschen wächst.

An der Mimik und Gestik des Pferdes ist der Stress nach außen hin zu erkennen. Nicht immer sieht man einem Pferd eine Stresssituation so deutlich an.

WIE STRESS DAS LERNEN BEEINFLUSST

Wenn ein Organismus Stress empfindet, bedeutet dies nicht zwangsläufig, dass er darunter leidet. Stress führt zu einer Anpassungsreaktion des Körpers und des Verhaltens. Man spricht aus diesem Grund von zwei verschiedenen Stressformen. Eustress ist der Stress, den man täglich empfindet, um sein Verhalten an die jeweilige Situation anzupassen. Für die Anforderungen des Alltags müssen Energiereserven freigesetzt werden, um den Körper wieder ins Gleichgewicht zu bringen. Dieser Grad von Stress steigert die Leistung, wie beispielsweise die Reaktionsbereitschaft und die Aufmerksamkeit. Wir kennen dies selbst aus Prüfungssituationen, in denen wir alles geben und über uns hinauswachsen. Wenn dieser zunächst »positive« Stresspegel jedoch zu hoch wird, kann die körperliche und geistige Leistung ins Negative kippen. In der Prüfung wäre das der totale

LERNEN ZU LERNEN

Lernen zu lernen bedeutet das Übertragen von Lernerfahrungen auf neue Probleme. Bei Menschen und einigen Tierarten, darunter auch das Pferd, wurde dieses Phänomen wissenschaftlich nachgewiesen. Möglich macht dies die Formbarkeit des Gehirns und die Verstärkung neuronaler Bahnen. Werden bestimmte neuronale Bahnen (wie diese für das Abspeichern bestimmter Lerninhalte) häufig benutzt, verstärkt sich hier die Signalübertragung. Damit werden diese Bahnen immer effektiver.

Blackout. Der sogenannte Distress wird als »negativer« Stress bezeichnet und kann bis hin zu einem kompletten Leistungsausfall führen. Wenn der Körper unter einer immerwährenden Stresssituation steht und er keine Zeit für Erholung mehr findet, bewirkt der Distress mit der Zeit nachhaltige körperliche und psychische Beeinträchtigungen. Der Stoffwechsel und das Immunsystem werden negativ beeinflusst und psychische Störungen können auftreten.

Bei einem Fluchttier wie dem Pferd ist es ein sehr schmaler Grat zwischen Eu- und Distress. Grundsätzlich ist der Pferdeorganismus darauf programmiert, in Sekundenschnelle zu reagieren, da jeder Reiz ein potentiell gefährlicher sein kann. Dies liegt in der Natur des Pferdes. Natürlich ist es jedoch nicht, dass andauernde Stressfaktoren auf das Pferd wirken, die aus einer Umwelt kommen, die der Mensch dem Pferd vorgibt.

STRESS AUSLÖSENDE FAKTOREN

Haltungsbedingungen

Indem wir das Pferd in unserer Obhut halten, schränken wir in bestimmtem Maße die natürlichen Bedürfnisse des Pferdes ein. Umso weniger Grundbedürfnisse, wie Bewegung, Sozialkontakt oder ständige Raufutteraufnahme, befriedigt werden, desto mehr wirken diese nicht ausgeübten Verhaltensweisen als Stressoren. Ein Pferd, das als Herden- und Lauftier im schlimmsten Falle ohne Sozialkontakt in der Box gehalten wird, mit einer zweimaligen rationierten Raufuttergabe täglich, hat fast keine Möglichkeiten, seinen natürlichen Bedürfnissen nachzukommen. Dieser Dauerstress führt zu Verhaltensstörungen wie

Ein Bewegungsstall mit einer stabilen Gruppenzusammensetzung, ausreichend Fläche und Grundfutter erfüllt viele Grundbedürfnisse einer artgerechten Pferdehaltung.

Weben, Koppen, Krippenwetzen oder Boxenlaufen. Mit diesen sogenannten Stereotypien kompensiert der Körper Stress, indem er sich selbst belohnt. Durch das Ausschütten von belohnenden Substanzen, wie Serotonin oder Dopamin, empfindet das Pferd Befriedigung, wenn es seine stereotype Verhaltensweise ausübt (siehe S. 168).

Die Gruppenhaltung in Bewegungsställen, die immer mehr Einzug in die deutsche Pferdehaltung findet, kann zu einem großen Teil die Grundbedürfnisse des Pferdes erfüllen. Allerdings ist hierbei auf ein gutes Management von Gruppenzusammensetzung und baulichen Voraussetzung zu achten. Ein rangniedrigeres Pferd, das sich in einer Gruppenhaltung nicht ablegen kann, nicht in Ruhe an die Fressstellen gelangt oder von ranghöheren Tieren ständig gejagt wird, ist ebenfalls andauernden Stressfaktoren ausgesetzt. Pferde, die nicht gut sozialisiert sind, können Probleme in einer Gruppenhaltung haben, entweder durch zu

Manchmal kann auch ein »leerer Blick« auf Stress hindeuten. Diese Pferde wirken nach außen vermeintlich ruhig.

aggressives oder zu lethargisches Verhalten. Hier kann die Lösung eine passende Kleingruppe sein, wenn die betrieblichen Voraussetzungen gegeben sind.

Stress durch Training

Wenn das Training nicht pferdegerecht abläuft und/oder die Kommunikation zwischen Mensch und Pferd nicht auf das Pferd abgestimmt ist, kann der Umgang mit dem Menschen für das Pferd Stress bedeuten. Psychische oder physische Überforderung spielt als Stressor im Training eine wichtige Rolle. Wenn das Lernverhalten, die Konzentrationsspanne (siehe Abb. 14, S. 82) oder das körperliche Vermögen des Pferdes nicht berücksichtigt werden, wird das Pferd immer wieder Situationen ausgesetzt, denen es nicht gewachsen ist, weil es diese vielleicht nicht versteht, und die somit als negativ abgespeichert werden. Stress durch Unterforderung kann entstehen, wenn das Pferd nicht dazu kommt, seine geistigen und körperlichen Bedürfnisse zu erfüllen. Ein Pferd, das sich körperlich nicht auslasten kann und entweder keine Reize oder eine Reizüberflutung erfährt – auf die es durch Habituation abstumpft – leidet meist still. Jeder Mensch, der nur zu seinem Pferd fährt, um es stundenlang zu putzen und auf es einzureden, handelt nicht pferdegerecht.

Wie erkennt man Stress?

Das Pferd verfügt über ein differenziertes Ausdrucksverhalten mittels Gestik und Mimik. Im Gesicht des Pferdes können Anspannung in der Maulpartie oder über dem Auge auf inneren Stress hindeuten. Geweitete Augen und ein hoher Muskeltonus deuten auf eine akute Stressreaktion hin. Langanhaltender Stress kann sich auf der einen Seite in einer Überempfindlichkeit auf Außenreize bemerkbar machen, auf der anderen Seite auch durch eine Lethargie, die das Pferd kaum noch auf Außenreize reagieren lässt. Der »leere Blick« eines lethargischen Pferdes, der oft mit Ruhe und Entspanntheit verwechselt wird, deutet auf eine chronische Stresssituation hin.

Stress in jungen Jahren

Es ist bekannt, dass der Stress, den ein Mensch als Kind empfindet, Auswirkungen auf das Ausschütten von Stresshormonen und das Verhalten im Alter hat. Früher Dauerstress führt zu erhöhten Ausschüttungen von Cortisol, Adrenalin und Noradrenalin. Diese Transmitter haben Einfluss auf bestimmte Bereiche im Gehirn, darunter der Hippocampus und die Amygdala, die in Verbindung mit Gedächtnis und Emotionen stehen. Beim Menschen führt das zu Defiziten im Arbeitsgedächtnis und somit zu Schwierigkeiten bei der Entscheidungsfindung und dem Problemlöseverhalten. Es führt zu Unsicherheit, so haben diese Personen Probleme in kritischen Situationen, die Kontrolle über sich zu behalten.
Studien bei Ratten zeigen, dass es auch bei Tieren diese Auswirkungen gibt. Eine reizarme Umgebung, in der das Jungtier aufwächst, und eine unzureichende Beziehung zum Muttertier haben ebenfalls negative Auswirkungen. Konnte sich das Muttertier ausreichend und lange um die Jungen kümmern, hat dies positive Auswirkungen auf das spätere Verhalten (Costandi 2015). Wenn wir diese Erkenntnisse auf unsere Pferdehaltung übertragen, muss man ein zu frühes Absetzten und die Haltungsumgebung nach dem Absetzen bis hin zum Anreiten als wichtige Einflussfaktoren auf das spätere Verhalten des Pferdes sehen. Damit wird auch erklärbar, dass Pferde sehr individuell auf Herausforderungen und neue Situationen im Alltag reagieren. Diese sogenannten Coping Strategien sind somit in jedem Tier, wie auch beim Menschen, zu einem gewissen Grad fest verankert. Umso deutlicher wird, wie individuell sich das Training gestalten muss. Die Bewältigungsstrategie hat auch körperliche Folgen für das Individuum: Bei aktiven Bewältigern kann dauerhafter Stress zu einer anhaltenden Aktivierung des Sympathikus-Nebennierenmark-Systems führen und damit können Schäden des Herz-Kreislauf-Systems auftreten.

COPING MECHANISMEN

Unter Coping Mechanismen versteht man Bewältigungsstrategien in Belastungssituationen. Die Situation wird auf eine bestimmte Weise emotional und kognitiv verarbeitet. Man unterscheidet zwischen aktiven und passiven Bewältigern. Individuen mit einer aktiven »Coping« Strategie interagieren bei Problemen mit ihrer Umwelt, beispielsweise durch Kampf oder Aggression. Bei den passiven Bewältigern zeigt sich eher Rückzug und apathisches Verhalten.

Bei passiven Bewältigern wird die Hypophysen-Nebennierenrinden-Achse aktiviert, was Schäden des Immunsystems nach sich ziehen kann.

Den Stress nehmen

Das Aneignen von Wissen über Wahrnehmung und Lernverhalten des Pferdes (Kapitel 2 und 3) und das entsprechende Körpergefühl (Kapitel 5) adäquat mit dem Pferd umzugehen und ihm dabei eine gute Leitfigur zu sein (Kapitel 4), ist der beste Weg, auf beiden Seiten den Stress zu reduzieren und zu einer harmonischen und erfolgreichen Kommunikation zu gelangen.

DAS GEDÄCHTNIS DES PFERDES

Ohne Gedächtnis ist das Lernen nicht möglich. Hier werden Lernprozesse verarbeitet und abgespeichert. Die Hauptaufgaben des Gedächtnisses sind: Behalten von Informationen, das Erinnern an diese, das Wiedererkennen von bereits abgespeicherten Inhalten und das Vergessen. Im Kurzzeitgedächtnis werden Inhalte im Minutenbereich gespeichert, beim Menschen beispielsweise das Erinnern an eine neue Telefonnummer, beim Pferd das Wiederholen neuer Dressurelemente. Bei der weiteren Verarbeitung findet die sogenannte Konsolidierung statt, die Überführung ins Langzeitgedächtnis. Dies ist nahezu unbegrenzt und kann Inhalte ein Leben lang abspeichern. Pferde können selbst komplexe Lernaufgaben – das Zuordnen geometrischer Figuren – noch nach 10 Jahren abrufen (Hanggi und Ingersoll 2009).

In der Lernforschung spricht man auf der einen Seite vom deklarativen Gedächtnis, das bewusst erlerntes Wissen abspeichert. Handelt es ich dabei um Faktenwissen, wie historische Daten oder Landeshauptstädte, dem kein persönliches zeitliches Ereignis zugeordnet werden kann (kontextunabhängig), spricht man vom semantischen Gedächtnis. Werden hingegen individuelle Erlebnisse bestimmten Gedächtnisinhalten zugeordnet, spricht man vom episodischen – oder persönlichen – Gedächtnis. Hier spielen Emotionen eine wichtige Rolle.

Auf der anderen Seite steht das implizite Gedächtnis, das besonders zum Erinnern von motorischen Abläufen dient. Hierbei spielen die Lernvorgänge eine Rolle, die nicht bewusst wahrgenommen werden. Dazu zählt das Abspeichern von prozeduralen Informationen, das sogenannte Fertigkeitswissen. Ein menschliches Beispiel wäre das Fahrradfahren, welches unbewusst funktioniert. Beim Pferd als Bewegungstier spielt diese Gedächtnisform eine wichtige Rolle. Hier werden alle motorischen Zusammenhänge, die beispielsweise bei der Bodenarbeit oder bei Dressurlektionen vorkommen, abgespeichert. Auf der anderen Seite steht das Priming-System, hier wird unbewusst der Zusammenhang zwischen Inhalten und Sinneseindrücken abgespeichert und erinnert, wie beispielsweise ein bestimmter Geruch aus der Kindheit.

Hinter folgender Geschichte verbirgt sich mehr als eine Aussage, die uns schmunzeln lässt, es zeigt die Einstellung vieler Menschen, sich nicht in die Lage und die Wahrnehmung des Pferdes hineinversetzen zu können. Ein Weltbild aus unserer Sicht bringt uns im Umgang mit dem Pferd nur in seltensten Fällen weiter. Das Pferd hat in seinem Verhalten viel zu oft Recht. Denn der Mensch hat es mit seinen Reaktionen und seiner Unachtsamkeit dazu gebracht, sich so zu verhalten, wie es sich verhält.

Pferde erinnern sich besonders gut an negativ verknüpfte Situationen, wenn diese nicht durch viele Wiederholungen erneut positiv besetzt werden.

»MEIN PFERD HAT ALZHEIMER!«

Eine Geschichte, die mir besonders am Herzen liegt, weil sie, so unbeholfen die Aussage auch sein mag, eine Einstellung des Menschen gegenüber dem Pferd verdeutlicht, über die wir nachdenken sollten.

Ich bekam einen verzweifelten Anruf einer Pferdebesitzerin, die ein sehr großes Problem hatte. Ihre Stute Dolly hatte sich eine gefährliche Unart angewöhnt: das Steigen. Zum Zeitpunkt des Anrufs stieg sie kerzengerade, und selbst der Besitzerin war bewusst, dass dies eine lebensgefährliche Form angenommen hatte. Nach näherem Nachfragen, zeigte Dolly dieses Verhalten schon seit 1,5 Jahren. Es war also keine erst kurzfristig etablierte Verhaltensweise. Die erste Einheit machte klar, dass Dolly, wird ihr nur ein anderer Lösungsweg aufgezeigt, das Steigen zwar andeutet, davon aber recht bald abzubringen war. Sie war also kein »böses« Pferd, sie hatte nur gelernt, dass man ihr einen kurzen Drucknachlass gewährt, wenn sie steigt. Sie zeigte dieses Verhalten immer in Situationen, bei denen sie nicht weitergehen wollte. Beispielsweise auf der rechten Hand in der Bahn, aber vor allem an Wegkreuzungen im Gelände, bei denen der eine Weg weiter auszureiten androhte, der andere Weg nach Hause führte. Fast könnte man über diese einfache Struktur des Erlernten schmunzeln, wenn das Steigen dabei nicht so eine große Gefahr bergen würde.

Nachdem ich mit ihr einige Einheiten in der Reithalle durchlaufen hatte (im wahrsten Sinne des Wortes), wir im Gelände bestimmte Wegkreuzungen auch schon passieren konnten und sie sich immer mehr anfing, unter dem Reiter zu entspannen, wurde die Besitzerin mehr und mehr in das Training integriert. Am Anfang einer Einheit, nachdem sie schon einige Male selbstständig und mit Erfolg mit Dolly in der Reithalle und im Gelände unterwegs war - ohne dass Dolly noch einmal gestiegen war - schaute sie mich verdutzt an und sagte: »Ich glaube mein Pferd hat Alzheimer!« Auf meine Nachfrage, wie sie denn darauf kommen würde, entgegnete sie, dass wir doch Dolly nun schon einige Male erklärt hätten, was sie zu tun hat, aber sie immer noch in alte Muster zurückfallen würde. (Immer wieder zeigte sie ein Stocken in der Bewegung und versuchte, die Richtung selbst zu bestimmen.) Dazu muss man sagen, dass wir von wenigen Wochen Training sprechen, in denen das Pferd in meinen Augen eine unglaubliche Wendung eingeschlagen hatte, nachdem sie über Jahre hinweg fast täglich gestiegen war! Meine Antwort darauf war, dass genau das Gegenteil der Fall wäre. Dolly hat sich jede Kleinigkeit gemerkt, die in den Jahren davor passiert war, und besitzt ein hervorragendes Gedächtnis. Sie soll nun alles anders machen, was davor doch so hervorragend geklappt hat? Das Schwierigste am ganzen Prozess ist tatsächlich, dass die Besitzerin nun selbst lernen muss, ihr Verhalten zu verändern, da Dolly sonst natürlicherweise ihre althergebrachte Methode anwendet.

Der MENSCH als LEITFIGUR – LEADERSHIP

WIE DAS LEBEN IN GRUPPEN FUNKTIONIERT

Das Leben in Gruppen oder Familienverbänden hat für Tiere (und Menschen) Vorteile. Eine Gruppe von Artgenossen bietet Schutz vor äußeren Bedrohungen – beispielsweise vor Fressfeinden –, koordiniert Aktivitäten, wie Umherziehen, Schlafen, Fressen und Trinken, aber auch die Flucht und Ökonomisierung. Das heißt, jeder Einzelne spart Energie, weil er sich nicht mehr um alles selbst kümmern muss. Es findet in der Gruppe eine Art von Aufgabenverteilung statt. Während einige Tiere wachen, können sich andere ausruhen. Der Alpha-Hengst hat die Aufgabe, die Familiengruppe zu beschützen, während die Leitstute die Gruppe eher anführt. Sie nutzt als ranghohes und erfahrenes Tier ihr gutes Erinnerungsvermögen, um Wasser und Fressstellen wiederzufinden, und sichert damit das Überleben der Gruppe. Durch ihre Erfahrung kennt sie auch Gebiete, die eher vermieden werden sollten, aufgrund von Raubfeinden oder anderen Gefahren. Die meisten Gruppenmitglieder verlassen sich also darauf, dass es einen Artgenossen gibt, der sich um die wichtigen Dinge, wie Schutz, Nahrungs- und Wasseraufnahme, kümmert.

Die Aufgaben und Privilegien des Ranghöheren

Die ranghöheren Tiere einer Gruppe haben also durch die Aufgaben, die sie aufgrund ihrer Fitness, aber auch ihrer Erfahrung, bewältigen müssen, eine hohe Verantwortung. Auf sie wird sich verlassen, damit die schwächeren oder unerfahreneren Gruppenmitglieder sorgloser leben können. Diese Verantwortung, aber auch die körperliche Anstrengung und Aufmerksamkeit, die damit einhergeht, kosten Energie, Kraft und bedeuten außerdem Stress für die Ranghohen. Aus diesem Grund hat es die Natur eingerichtet, dass diese auf der anderen Seite Privilegien besitzen bei Futter-, Trink- und Schlafplätzen. Sie haben also das Recht, ihren höheren Energieverbrauch wieder aufzufüllen. Der Hengst genießt weiterhin das Privileg, sich mit den Stuten zu verpaaren, was absichert, dass seine guten Gene an die Nachkommen weitergegeben werden.

Rangordnung

Um das Leben in der Gruppe möglich zu machen, bedarf es Regeln. Eine Grundregel von den in der Gruppe lebenden Tieren besteht aus der soziale Hierarchie, die innerhalb der Gruppe gesetzt ist. Diese Hierarchie oder

GRUPPENBILDUNG

Das Leben in der Gruppe stärkt das Überleben der Gruppe und somit jedes einzelnen Individuums. Eine Art wird somit erhalten. Weitergegeben wird das möglichst beste Genmaterial, vom fittesten Hengst und der erfahrensten Leitstute. Die Nachkommen wachsen möglichst geschützt auf und werden von den Artgenossen zum Teil mitversorgt, um wiederum das Überleben aller und die Gruppenstärke zu fördern.

Die Rangordnung klärt die Privilegien der Ranghöheren, bietet aber den Rangniedrigen dafür Schutz.

Rangordnung zeigt, welcher Artgenosse dem anderen in der Stellung über- bzw. unterlegen ist. In der natürlich gewachsenen Pferdeherde richtet sich die Rangposition nach Fitness, Alter, Erfahrung oder Verwandtschaftsverhältnissen zu Ranghöheren. Die Rangordnung von Pferden ist nicht linear (A über B über C), sondern weist auch Dreiecksbeziehungen auf (A über B über C über A). Die Rangverhältnisse ändern sich immer wieder, da neue Gruppenmitglieder hinzukommen oder die Gruppe verlassen oder die Fitness des Ranghöheren sich ändert. Es liegt also in der Natur des Pferdes, geklärte Verhältnisse immer wieder zu überprüfen, in Frage zu stellen und gegebenenfalls seine Position innerhalb der Gruppe zu verbessern. Dieses Phänomen stellen wir gegenüber uns Menschen auch immer wieder fest. Auch wenn eine gute Leitposition gegenüber dem Pferd geklärt ist, wird durch kleine Anfragen, immer wieder die Souveränität des Ranghöheren auf die Probe gestellt (siehe »Anzeichen für ein gutes Verhältnis«, S. 96).

Was hat das Pferd davon, sich in der Herde unterzuordnen?

Nicht jeder ist als Anführer geboren. Das geht Tieren und dem Menschen so. Da die Führungsposition mit dem erwähnten Aufwand und Energieverbrauch verbunden ist, ist es einfacher und entspannter, doch eher Mitläufer zu sein. Ein Pferd, das sich in einer mittleren

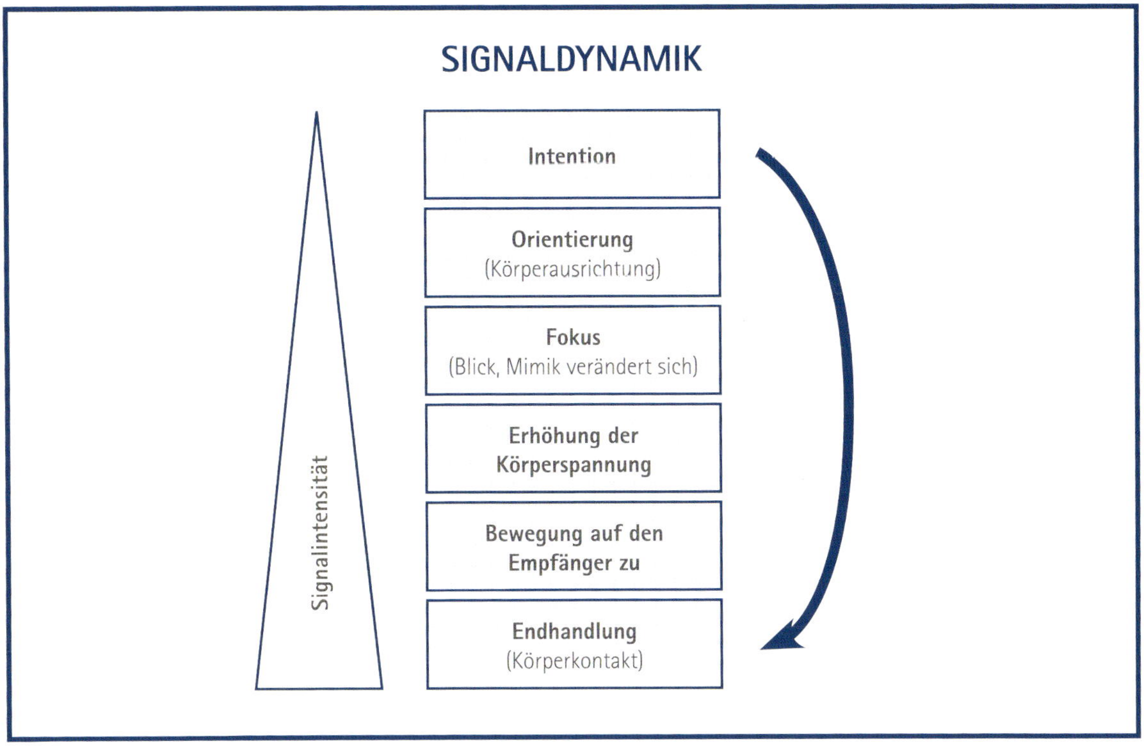

Abb. 15: Die Kommunikationssignale in der Pferdeherde und zwischen Mensch und Pferd laufen in Stufen ab. Die Intensität steigert sich von der reinen Intention (dem Vorhaben, etwas zu tun) bis hin zur Ausführung bei der Endhandlung (z.B. der Biss des Pferdes oder die Berührung mit der Gerte des Menschen).

Rangposition in der Herde befindet, kann gewisse Privilegien gegenüber den Rangniedrigeren besitzen, besitzt aber auch nicht die große Verantwortung, die ganze Herde beschützen zu müssen. Dieses Pferd ist weniger gestresst und kann sich dennoch darauf verlassen, dass es genügend Nahrung bekommt und der Schutz durch die Herde gesichert ist.

KOMMUNIKATION DURCH GESTIK UND MIMIK

Die Kommunikation zwischen Pferden läuft über Gestik (Körperhaltung), Mimik (Gesichtsausdruck) und Körperspannung ab. Wenn wir die Kommunikation zwischen den Pferden nachempfinden wollen, dann müssen wir uns auf diese Art von Körperbewusstsein einlassen (siehe Kapitel 5 »Das richtige Körpergefühl«).

In der Herde läuft die Signalgebung in Stufen ab, die für den Artgenossen einschätzbar sind. Wenn er auf diese nicht sofort reagiert, erfährt er eine direkte Konsequenz für sein (Nicht)Verhalten. Die Signalstärke erhöht sich innerhalb weniger Sekunden, bis die Reaktion des Artgenossen erfolgt. Die letzte Stufe der Signalerhöhung wäre der Biss oder Tritt. Wenn der Rangniedrigere das gewünschte Verhalten zeigt, indem er weicht, wird der Reiz des Ranghohen sofort beendet. Diese Art von Reizsteigerung und sofortigem Weglassen des

Reizdruckes bei richtiger Reaktion ist nichts anderes, als eine (negative) Verstärkung, die wir bereits aus dem Lernverhalten kennen (siehe Kapitel 3 »Lernen und Kommunikation«). Aus Sicht des Ranghöheren wird hier nur so viel Energie für das Signal aufgewendet wie nötig, um die gewünschte Reaktion auszulösen, aber eben auch so viel wie nötig.

Wenn die Rangfolge geklärt ist, die Signale des Reizgebers also immer als relevant eingestuft werden, reichen meist schon die ersten Stufen (Intention -> Orientierung -> Fokus, Abb. 15, S. 93). Denn es erspart sowohl dem Reizgeber als auch dem Empfänger wichtige Energie, auf ein feines Signal direkt zu reagieren (in diesem Fall auszuweichen). In der Herde senkt diese unmissverständliche Kommunikation das Verletzungsrisiko, da nicht jede Kleinigkeit bis hin zur höchsten Signalstufe »ausdiskutiert« wird.

DER INDIVIDUALBEREICH – DIE RICHTIGE DISTANZ ZUM PFERD

Ich höre in meinen Seminaren oft »Mein Pferd ist eben schmusig und sucht meine Nähe« oder »Ich mag es ja gern, wenn er nah an mir dran ist.« Hier müssen wir klar die Bedürfnisse von Mensch und Pferd unterscheiden. Meine Antwort darauf ist, dass wir das Pferd, auch wenn es hart klingt, zu unserem Nutzen halten. Also dürfen Pferde in gewissem Grad auch dafür genutzt werden, unser Bedürfnis nach Nähe und Liebe zu befriedigen. Ob Pferde Nähe und direkten Körperkontakt mit Liebe und Zuneigung verbinden, steht auf einem ganz anderen Blatt. Pferde ruhen nicht mit Hautkontakt nebeneinander und bekunden ihre Zuneigung nicht mit Umarmungen. Es gibt die soziale

Vertrauen kommt durch den Respekt voreinander und durch die Kompetenz, die der Mensch als Leitfigur ausstrahlt.

Fellpflege, mit dem funktionalen Hintergrund der Pflege und Durchblutung, sie hat aber auch einen klaren, sozial bindenden Effekt. Im nächsten Moment kann einer der beiden Sozialpartner aber genauso ehrlich wie schnell diese Situation beenden und den anderen wegbeißen. Trotz sozialer Nähe oder »Freundschaft« zwischen zwei Pferden, herrscht immer auch eine Neutralität zwischen ihnen, die das Gruppenleben und die gemeinsame Sicherheit schützt. Diese Neutralitat geht uns als Mensch dem Pferd gegenüber meist verloren und lässt die Beziehung aus Sicht des Pferdes sehr schwammig erscheinen. Einerseits gibt es keine Regeln der Distanz, auf der anderen Seite verlangt der Mensch volle Aufmerksamkeit, wenn Ablenkungsreize in dem Moment für das Pferd wichtiger erscheinen. Wenn der Mensch die Aufgabe der Leitfigur übernimmt, macht die Achtsamkeit auf den Menschen in Situationen Sinn, in denen entschieden werden muss: Flucht oder nicht?

In der Pferdewelt herrschen klare Regeln, was das Betreten des Individualbereiches angeht. Dringt ein rangniedrigeres Pferd ungefragt in den Bereich eines Ranghöheren ein, wird es direkt in seine Schranken gewiesen. Dies läuft in den beschriebenen Signalstufen ab. Meist reicht ein drohender Blick und die Situation ist geklärt. Dieses Verhalten schließt keine sozialen Partnerschaften zwischen Pferden verschiedener Ränge aus, denn wenn das ranghöhere Tier einen Körperkontakt initiiert (z.B. zur Fellpflege), entspricht dies weiterhin den sozialen Regeln.

Um ein klares Verhältnis zwischen Mensch und Pferd zu erreichen, stellt die Einhaltung des Individualabstandes einen der wichtigsten Grundregeln dar. Auch wir müssen uns über unseren eigenen Bereich sehr klar sein und diesen konsequent für uns behaupten (siehe praktische Übungen S. 126–127). Wenn wir wünschen, dass das Pferd uns gegenüber die Distanz vergrößern soll, sollte dies mit einer bestimmten Körperhaltung und einer erhöhten Grundspannung erfolgen. Sobald das Pferd ungefragt die Distanz unterschreitet oder sogar einen direkten Körperkontakt initiiert, den wir in diesem Moment nicht wünschen, bedeutet das ein klares Untergraben der Leitposition und darf nicht mit Zuneigung dem Menschen gegenüber verwechselt werden. Dies bedeutet nicht, dass wir unser Pferd nicht auch streicheln und den Körperkontakt suchen können. Unter natürlichen Bedingungen sucht der ranghöhere Artgenosse auch immer wieder den Körperkontakt. Der Mensch darf von sich aus jederzeit die

INDIVIDUALDISTANZ

Die Individualdistanz beschreibt den Abstand, den Artgenossen in der Gruppe voneinander einhalten. Vögel sitzen zum Beispiel mit einem regelmäßigen Abstand nebeneinander auf dem Drahtseil. Manche Tierarten meiden dabei eher den direkten Körperkontakt, dazu zählen auch Pferde. Sie gehören damit zur Gruppe der Distanztiere. Andere Tierarten suchen eher den Körperkontakt – Kontakt-Tiere – zu denen der Mensch gehört. Die Individualdistanz beträgt beim Pferd etwa 1,80–3,00 m, bei aggressiver veranlagten Tieren liegt diese Distanz eher höher, bei weniger aggressiven eher niedriger.

Das Pferd sollte den Individualbereich des Menschen akzeptieren. Dringt es ungefragt in diesen ein (Bild 1) sollte man es aus diesem herausschicken (Bild 2).

Annäherung initiieren, dies macht er dann wiederum in einer passiven, entspannten Körperhaltung. Das Pferd darf sich ebenfalls uns annähern und uns berühren, wenn wir es dazu einladen. Dies kann ganz besonders die Beziehung zwischen einem skeptischen oder ängstlichen Pferd und dem Menschen verbessern. In diesen Situationen initiiert aber auch der Mensch diese Annäherung.

DIE BEZIEHUNG AUF DEM PRÜFSTAND

Man kann seine Beziehung mit dem Pferd einmal auf den Prüfstand stellen und versuchen, sie objektiv zu beurteilen. Es gibt Situationen, die zeigen, dass das Pferd einem Menschen zwar vertraut, dass er ihm nichts tun wird, aber keinen Respekt vor ihm hat und sich ihm gegenüber distanzlos verhält. Bei dieser Art von Verhältnis werden Situationen eintreten, in denen sich das Pferd nicht ausreichend vom Menschen beschützt fühlt. Es wird in einer Gefahrensituation auf sich selbst aufpassen und eher zur Flucht tendieren. Man erkennt ein solches Miteinander häufig daran, dass der Mensch akzeptiert, dass das Pferd ihm ungewollt zu nahekommt, ihn mit dem Kopf anstößt, an den Taschen wühlt, ihn mit der Schulter wegdrängt, vielleicht sogar das ein oder andere Mal auf den Fuß tritt. Wenn der Mensch mit ihm alleine unterwegs ist, ist das Pferd mehr auf seine Umwelt fixiert, es ist »guckig« und neigt dazu, in Schrecksituationen eher davonzulaufen, ohne darauf zu achten, was der Mensch macht oder ob dieser ihm im Wege steht. In allen weichenden Übungen (siehe »Respekt fördernde Übungen«, S. 100) verhält sich das Pferd wenig reaktiv.

Ein Pferd, welches skeptisch gegenüber dem Menschen ist, muss Vertrauen in die Handlungen des Menschen aufbauen.

Auf der anderen Seite gibt es das Verhältnis zwischen Mensch und Pferd, in dem das Pferd zwar Respekt hat, es sich aber eher eingeschüchtert verhält und dem Menschen nicht wirklich »über den Weg traut«. Solche Pferde achten sehr genau auf den Menschen, um negative Konsequenzen zu vermeiden. Sie machen aber insgesamt keinen entspannten Eindruck, sind immer auf »hab acht« und halten einen Sicherheitsabstand zum Menschen ein. Sie würden den Menschen in einer Schrecksituation vielleicht nicht umrennen, ihm aber auch nicht vertrauen, dass er die richtige Entscheidung trifft, sich in seiner Nähe also auch nicht vollkommen entspannen können.

Es ist nicht immer leicht zu beurteilen, wenn ein Pferd ruhig wirkt, ob es wirklich entspannt ist oder sich eigentlich aus Einschüchterung so verhält, in diesem Fall hat es aus Selbstschutz abgeschaltet. Hier kann der Zustand einer erlernten Hilflosigkeit bestehen (siehe S. 99). Wenn ein Pferd aus negativer Vorerfahrung dem Menschen gegenüber skeptisch oder sogar eingeschüchtert ist, helfen Vertrauen fördernde Übungen (siehe S. 191).

Auch mal loslassen zu können zeichnet die gute Leitfigur aus. Das Pferd wir nicht schon vorsorglich davon abgehalten, eine eigene Entscheidung zu treffen, sondern wenn es eine Fehlentscheidung treffen sollte, z.B. auf einen lockeren Zügel hin schneller zu werden, wird es dafür korrigiert und ihm das richtige Verhalten (auch am langen Zügel das ruhige Tempo zu halten) nochmals mit den Hilfen erklärt.

NICHT DOMINANZ, SONDERN KOMPETENZ MACHT DEN GUTEN CHEF AUS

Die Klarheit, die wir in der Signalgebung und der Einstellung gegenüber dem Pferd an den Tag legen sollten, hat nichts mit einer Unterdrückung und Einschüchterung zu tun. In der Pferdeherde bestehen die guten sozialen Verhältnisse aus Respekt und Vertrauen. Das Vertrauen resultiert aus dem guten und ausgewogenen Respektsverhältnis. Stellen wir uns die Situation in der Menschenwelt vor. Wir arbeiten für einen Chef, bei dem wir uns nicht trauen zu widersprechen. Wir fürchten ständig negative Konsequenzen. Wenn er schlecht drauf ist, dann kann die Arbeit, die an einem Tag gelobt wurde, an einem anderen zu heftiger Kritik oder sogar Sanktionen führen. Wenn wir ihn nicht einschätzen können und uns die Konsequenzen hart treffen würden, leben wir in ständiger Angst, etwas falsch zu machen. Die pure Anwendung von Dominanz schafft zwar einen hohen Respekt diesem Chef gegenüber, aber das Vertrauen in sein Handeln haben wir nicht. Wir fühlen uns bei ihm in der letzten Konsequenz nicht gut aufgehoben.

Ist der Mensch in seinen Handlungen abschätzbar und fair, ist auf ihn Verlass. Das Pferd vertraut ihm.

Ein Chef allerdings, der nicht nur Dominanz, sondern auch Kompetenz ausstrahlt, erfüllt seine Aufgaben und Pflichten, dazu gehört auch, für die Ordnung und das Funktionieren der Firma zu sorgen. Die größte Aufgabe aber, die er gegenüber seinen Untergebenen und der Firma hat, ist die Verantwortung, denn auf seine Entscheidungskraft und Erfahrung wird in einer prekären Situation vertraut. Für die gleiche Arbeitsleistung gibt es das Lob oder sogar die Gehaltserhöhung, für die Fehlleistung einen Tadel. Sein Handeln ist klar und abschätzbar, seine Regeln werden respektiert, da er den Überblick behält und für alle das Beste will - eine erfolgreiche Firma leiten, von der jeder etwas hat.

Dieses Szenario können wir gut in die natürliche Gruppensituation der Pferdeherde und auch auf die Mensch-Pferd-Beziehung übertragen. Der Mensch kann gegenüber dem Pferd Souveränität und Kompetenz ausstrahlen, indem er in seiner Konsequenz abschätzbar ist. Das bedeutet, dass er sowohl in der Konsequenz seines tadelnden, als auch lobenden Verhaltens immer nach einem gleichen Muster handelt: Nur das richtige Verhalten wird mit etwas Positivem besetzt und zwar

ERLERNTE HILFLOSIGKEIT

Bei der erlernten Hilflosigkeit befindet sich ein Mensch oder Tier in einem Zustand, in dem er/es das Gefühl hat, nichts mehr an seiner schlechten Lage verbessern zu können. Wenn in der Vergangenheit festgestellt wurde, dass keine Anstrengung hilft, um den Zustand der negativen Umweltbedingungen zu ändern, folgt die Resignation. Das Individuum hat gelernt, negativen Reizen hilflos ausgeliefert zu sein. Dieser Zustand wird in Zusammenhang gesehen mit Angst, Apathie und Depression.

immer. Das Pferd kann sich also immer auf den Menschen verlassen – im Tadel wie im Lob. Diese klaren Regeln machen es dem Pferd einfach, die Grenzen wie auch das gewünschte Verhalten zu verstehen. Einschüchterung und Angst hingegen entstehen, wenn Mal für das gleiche Verhalten gelobt, ein anderes Mal gestraft wird. Dies kann zum Phänomen der erlernten Hilflosigkeit führen.

RESPEKT UND VERTRAUEN

Ohne diese beiden Aspekte kann keine gute Beziehung – ob zwischen Menschen, zwischen Pferden oder zwischen Mensch und Pferd – funktionieren. Zumindest wenn beide Partner von dieser Beziehung profitieren wollen. Wie schon erwähnt, macht das Leben in Gruppen Sinn – zum eigenen Schutz und zum Schutz der gesamten Gruppe. Gewisse Regeln müssen eingehalten werden, sonst bricht ein schädigendes Chaos aus. Diese Regeln gründen auf Respekt und lassen dennoch oder genau deswegen Vertrauen untereinander entstehen. Als Vertrauen kann man eine positive Erwartungshaltung in eine Situation, in ein Gegenüber oder sogar in das eigene Verhalten bezeichnen (Selbstvertrauen). Diese Erwartungshaltung baut sich auf positiven Erfahrungen auf. Auch Routine oder gleichablaufende Vorgänge schaffen Vertrauen in diese selbst und in denjenigen, der sie ausführt, denn sie sind absehbar, der Ausgang kann mit einer hohen Wahrscheinlichkeit vorhergesagt werden. So schaffen gleiche Signalabläufe, in denen immer für die gleiche Reaktion ein Lob erfolgt, Vertrauen: Das Reiterbein legt sich zurück, um eine Reaktion der Hinterhand auszulösen; die Reizintensität steigert sich in Stufen, bis die Hinterhand sich bewegt; der Druck des Reiterbeins wird weggenommen. Es gibt nichts Schlimmeres als einen cholerischen Chef, der wie oben beschrieben, mal für die gleiche Leistung lobt und beim nächsten Mal für die gleiche Leistung tadelt oder – noch existentieller – das Gehalt kürzt. Vielleicht erntet dieser Chef Respekt durch Einschüchterung, das Vertrauen seiner Mitarbeiter wird er allerdings nicht geschenkt bekommen.

Unserem Pferd gegenüber gilt das Gleiche: Wenn es sich auf die Wiederholbarkeit unserer Handlungen verlassen kann, die Grenzen nicht schwammig, sondern klar definiert sind, wird es aus Respekt diese einhalten und aus Vertrauen und Motivation heraus seine Aufgaben erfüllen. Denn es weiß, wofür es diese Reaktion zeigt: für ein absehbares Lob und dafür, dass der Mensch als Leitfigur wie der ranghöhere Artgenosse auf es Acht gibt und ihm Schutz gewährt.

RESPEKT FÖRDERNDE ÜBUNGEN

Alle Übungen, die das Pferd auf ein körperliches Signal hin weichen lassen, sind Situationen, in denen der Respekt gegenüber dem eigenen Individualbereich gefördert wird. Der Ranghöhere hätte dadurch das Privileg, an Futterstellen oder an Liegeplätze zu gelangen, während die anderen Herdenmitglieder respektvoll ausweichen. Sinnvoll ist es, dies gezielt im Umgang mit dem Pferd zu üben, indem man die Hinterhand, die Vorhand oder das gesamte Pferd seitwärts weichen lässt (siehe Kapitel 7 »Bodenarbeit«, S. 129).

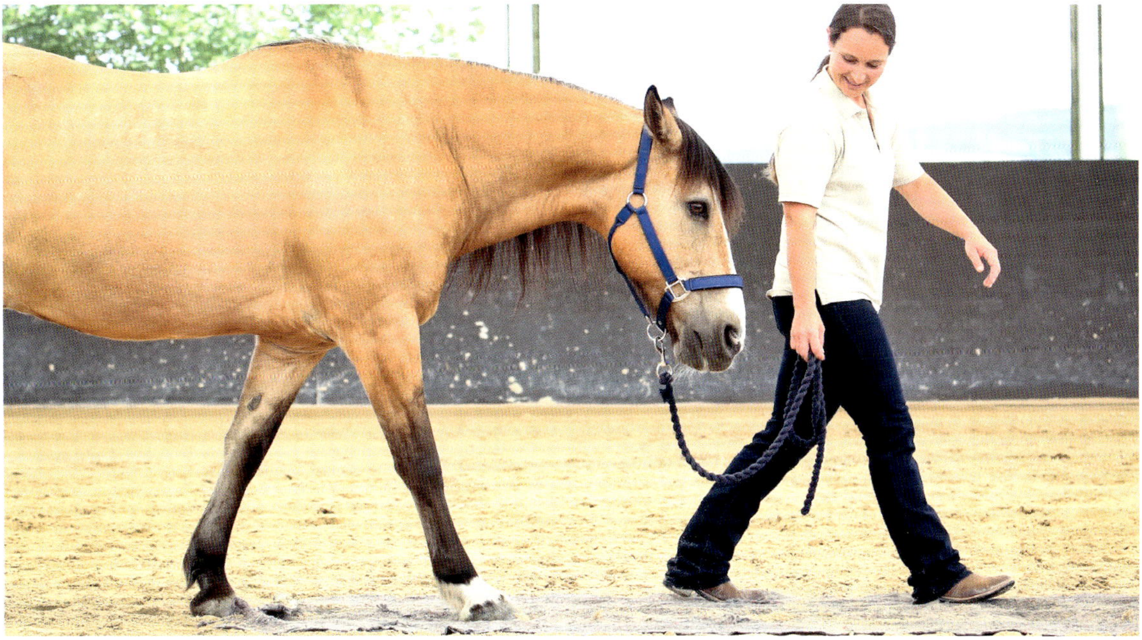

Wenn das Pferd dem Menschen in unbekannten Situationen folgt, lernt es ihm immer mehr zu vertrauen.

VERTRAUEN FÖRDERNDE ÜBUNGEN

Grundsätzlich sind alle Übungen oder Situation, in denen das Pferd dem Menschen nachfolgt, obwohl es zunächst skeptisch ist, vertrauensfördernde Übungen. Dabei geht man natürlich pädagogisch vom Leichten zum Schweren. Zunächst lässt man das Pferd über Stangen oder Äste folgen, anschließend über sich verändernde Bodenverhältnisse oder über eine Plane und dann erst beispielsweise durch einen Flusslauf. Das Pferd als Fluchttier wird neuen Reizen und Herausforderungen gegenüber natürlicherweise erst einmal skeptisch reagieren. Der Mensch sollte es schaffen, sich mit dem Pferd Schritt für Schritt einer Plane zu nähern, ruhig und souverän, aber dennoch anleitend, bis es erst mit einem Vorderhuf, dann mit dem anderen auf der Plane steht und schließlich darübergeht.

Genauso sind Gewöhnungsübungen Vertrauen fördernde Übungen. Das Pferd, das zunächst vor der Plastiktüte oder der Sprühflasche Angst hat, lernt durch den Menschen, diese Angst zu verlieren (siehe Übungen S. 162). Durch diese Übungen erntet der Mensch für jede positiv gemeisterte Situation ein stärker werdendes Vertrauen.

Das Anhänger-Training als Respekts- und Vertrauensübung

Das Einsteigen in einen Pferdeanhänger ist für das Pferd meist eine herausfordernde Aufgabe. Im Pferdeanhänger ist es eng, dunkel und der Aufenthalt darin wird mit dem Transport verbunden, der sicherlich nicht das Angenehmste für ein Pferd darstellt. Das sichere und stressfreie Einsteigen in einen Anhänger setzt ein gutes Maß an Respekt und Vertrauen voraus, besonders bei Pferden, die damit etwas Unangenehmes verbinden. Dem Anhängertraining sollten immer Übungen vorangehen, die den Respekt und das Vertrauen schulen (siehe Respekt und Vertrauen fördernde Übungen, S. 100 und 101). Diese sollten ohnehin in das tägliche Training integriert werden, direkt vor dem Einsteigen in den Hänger aber nochmals abgerufen werden. Sie lenken die Aufmerksamkeit des Pferdes direkt auf den Reizgeber Mensch und verhindern das Fokussieren und damit das Hineinsteigern in eine Furcht vor dem Einsteigen.

Das Verladen eines Pferdes stellt, wenn das richtige Führen funktioniert (im direkten und übertragenen Sinne), meist kein Problem mehr dar. Das souveräne Führen des Pferdes scheitert meistens an der eigenen Emotionalität des Menschen, die mit dem Verladen und dem anschließenden Fahren verbunden ist. Meist transportiert man das Pferd auf ein Turnier oder in die Klinik und dieses »Verladen-Müssen« passiert unter Zeit- und Erfolgsdruck. Diesen Druck nimmt man sich selbst, wenn man vorangehende Führübungen und auch das Verladen selbst, ohne Zeitdruck durchführt und in das Training mit einbaut. Das Verladetraining wird genauer in Kapitel 6 (S. 144) beschrieben.

Pferde achten in der Herde auf die Körperspannung der Artgenossen. Wenn das Pferd weiß, dass die Entspannung des Menschen eine Bedeutung hat, kann es diese annehmen und sich selbst entspannen.

NEUTRALITÄT ALS BONUS

Oft ist es für mich als Trainer von Vorteil, zu den Trainingspferden keine starke emotionale Verbindung zu haben. Durch diese Neutralität behält man die nötige Objektivität und Gelassenheit. Dadurch sind klare Entscheidungen im richtigen Moment möglich.

Man findet oft einen gestressten, enttäuschten, frustrierten oder sogar wütenden Pferdebesitzer vor, wenn Dinge im Umgang oder im Training nicht nach den Vorstellungen des Menschen funktionieren. Die Fehler werden häufig beim Pferd gesucht, obwohl sich dieses nur den für ihn bestmöglichsten Weg sucht, mit seinem Umfeld umzugehen. Es finden Fehlkonditionierungen und unerwünschtes Lernverhalten statt (siehe Kapitel 3), die von Menschenhand gemacht sind. Die beste Einsicht in diesem Moment ist, das Fehlverhalten bei sich selbst zu suchen und anschließend seine eigenen Handlungen zu ändern. Dazu gehört auch, in schwierigen Situationen, beispielsweise wenn das Pferd gerade auf keinen treibenden Schenkelreiz reagiert oder vor etwas scheut, gelassen und neutral zu bleiben. Emotionale Zustände wie Angst, Wut oder Frust verändern nicht nur die innere Einstellung, sondern auch die Muskulatur, die Gestik und die Mimik. Wir können dann dem Pferd nicht mehr in einer entspannten Körperhaltung begegnen, wenn es gerade Furcht empfindet, oder unsere Körperspannung gezielt für ein effektiv treibendes Bein einsetzen. Denn diese kontrollierte eigene Körpersteuerung funktioniert nur, wenn der eigene Körper nicht durch einen emotionalen Grundzustand in einem Spannungszustand verharrt.

MITGEFÜHL JA – MITLEID NEIN

Empathisch anderen Menschen oder Tieren gegenüber sein zu können, ist ein großes Geschenk und vielleicht sogar der Schlüssel dazu, ein guter Pferdemensch oder Trainer zu sein. Empathie bedeutet dabei, sich in sein Gegenüber hineinversetzen zu können, das nachzuempfinden, was dieser in seiner Situation und Gemütslage gerade fühlt.

Das Pferd hat viel klarere und intuitive Empfindungen und Sinneseindrücke. Es benötigt sie, um zu überleben. Das Pferd – nicht aus Menschensicht, sondern aus seiner eigenen Perspektive heraus – zu verstehen, ist die Grundlage, um mit ihm kommunizieren zu können. Dieses Mitgefühl zu haben, ist viel wert, Mitleid jedoch hilft uns hier nicht weiter. Zu erkennen, dass es einem anderen schlecht geht und dieser in einer unglücklichen Lage ist, ist das eine. Was demjenigen aber nicht hilft, ist das bloße Mitleid. Keinem bedürftigen und hungernden Menschen wird es helfen, wenn wir Mitleid mit ihm verspüren. Hilfe kann nur geschehen, wenn man sein Handeln konstruktiv danach ausrichtet. Damit kann man die Situation erkennen und etwas dafür tun, dass sich die Situation für denjenigen in der schlechten Lage verändert.

Oft führt Mitleid mit dem Pferd dazu, dass man die oben beschriebene Neutralität verliert und Hemmungen hat, mit dem Pferd klar umzugehen. Nur durch die Klarheit, sowohl in den Grenzen, die man setzt, als auch im Lob, kann das Pferd Struktur und damit wieder Entspannung und Motivation finden.

WARUM KEINEN GUTEN KOMPROMISS FINDEN?

In jeder funktionierenden Beziehung gibt es Kompromisse auf beiden Seiten. Wir wollen auch eine funktionierende Beziehung zwischen uns und dem Pferd. Aber verwechseln wir da nicht die Beziehung zwischen zwei Menschen in einer gleichberechtigten Partnerschaft mit der Beziehung zwischen einem Menschen und einem Tier? Das Pferd stellt aus der menschlichen Sicht oft einen Partner dar, aber vergleichbar mit einer menschlichen Partnerschaft ist das Verhältnis sicher nicht. Wir nutzen das Pferd für unsere verschiedensten Bedürfnisse. Der eine sucht in dem Umgang mit seinem Pferd den schönen Ausgleich zum Arbeitsalltag und möchte mit ihm die Natur genießen, der andere will eher das Bedürfnis nach sportlichem Erfolg stillen. Mancher nutzt das Pferd als partnerschaftlichen Ersatz für einen Menschen oder auch als Ersatz für ein Kind, wünscht sich Nähe und Verständnis vom Tier und erhofft sich Gegenliebe. Man sollte sich jedoch bei aller Liebe zum Pferd immer vor Augen halten, dass es in der Pferdeherde neben der Rangordnung zwar auch freundschaftliche Verhältnisse gibt, aber die Kommunikation untereinander ohne viele Kompromisse abläuft. Wenn es keine klare Regelung in einer sozialen Gruppe gibt, verliert sie ihre Vorteile der Aufgabenverteilung und des Schutzes des einzelnen Tieres durch die Gruppe. Kompromisse führen oft dazu, dass das Pferd immer wieder seine Grenzen suchen muss, und dadurch nicht selten Stress empfindet. Wir tun unserem Pferd also nichts Gutes, wenn wir die Beziehung auf Kompromissen aufbauen und mal uns und mal das Pferd entscheiden lassen. Im Gegenteil:

Durch klare Kommunikation zu erreichen: Ein gut auf die Signale des Menschen ausgebildetes Pferd kann sich in der Obhut des Menschen möglichst frei und entspannt fühlen.

Klarheit schafft Entspannung in einer Menschenwelt, mit all den Reizen, die das Pferd nicht selbstständig durchblicken kann.

DIE AUFMERKSAMKEIT DES PFERDES ERLANGEN

Die Aufmerksamkeit des Pferdes auf den Menschen und umgekehrt stellt die Grundvoraussetzung für die Kommunikation dar. Nur wenn das Pferd aufmerksam auf den Reizgeber Mensch reagiert, kann es einen Reiz wahrnehmen, ihn erkennen und daraufhin ein bestimmtes Verhalten zeigen (siehe Kapitel 2 »Wahrnehmung und Verhalten«).

Sobald der Mensch mit dem Pferd interagiert, sollte er der Hauptreizgeber für dieses sein und andere Umgebungsreize ausblenden bzw. als irrelevant einstufen. Es ist nicht immer leicht, die volle Aufmerksamkeit eines Fluchttieres für sich zu gewinnen. Für das Pferd könnte das Nicht-Reagieren auf einen wichtigen Fluchtreiz in freier Wildbahn den Tod bedeuten.

Die Aufmerksamkeit des Pferdes erkennen wir am besten an seinem Ohrenspiel. Die dem Menschen zugewandte Ohrmuschel sollte auf ihn gerichtet sein, dabei ist es nicht unbedingt von Bedeutung, dass das Pferd den Blick abwendet. Das Fixieren von Umgebungsreizen erkennt man ebenso an den in die Reizrichtung aufgestellten Ohren. Spannt das Pferd dabei noch die Körpermuskulatur an, macht es sich zur Flucht bereit. Es ist also wichtig, eine schwindende Aufmerksamkeit möglichst früh wieder zu erlangen.

Um die Aufmerksamkeit des Pferdes zu erlangen, müssen die Reize des Menschen für das Pferd eine wichtige Bedeutung haben. Besonders, wenn mögliche Ablenkungsreize gegeben sind. Dem Pferd muss es also wichtig sein, in anderen Worten: Es muss motiviert sein, diese Reize zu beachten, da sie mit einer Bedeutung verknüpft sind. Fluchtreize werden für Pferde natürlicherweise als sehr wichtig eingestuft, weil die Folge Verletzung oder sogar Lebensgefahr sein kann. Wir als Mensch wollen natürlich nicht, dass das Pferd unsere Reize mit negativer Konsequenz oder sogar Gefahr assoziiert. Denn Respekt durch Einschüchterung kann niemals Vertrauen nach sich ziehen. Das Ziel muss also sein, dass das Reagieren auf unsere Signale immer einen positiven Ausgang für das Pferd hat (siehe Kapitel 3 »Positive und negative Verstärkung«, S. 72). So entsteht Motivation, genau diese Reaktion immer wie-

Erst wenn die Aufmerksamkeit des Pferdes auf den Menschen gerichtet ist, kann es seine Signale wahrnehmen und darauf reagieren.

der zu zeigen. Reizen wird Aufmerksamkeit geschenkt, wenn sie sich verändern, denn Unterschiede in Spannung und Druck nehmen Pferde instinktiv gut wahr. Wichtig ist nur, dass jeder noch so fein angefangene Reiz innerhalb von wenigen Sekunden eine Bedeutung erlangt, sonst bekommt man schnell den Lerneffekt der Habituation (siehe Abb. 10, S. 63). Das Signal kann sich also in Intensität und Modalität ändern, das bedeutet, die Aufmerksamkeit erhöht sich, auch wenn unterschiedliche Reize nacheinander gegeben und damit verschiedene Reaktionen gefordert werden. In solchen kurzen Sequenzen mit dem Pferd zu arbeiten, hält es wach auf Reizveränderungen.

Bestenfalls sollte die Aufmerksamkeit des Pferdes in dem Moment auf den Menschen gerichtet sein, sobald er das Pferd von der Weide oder aus dem Stall holt. Dass sich das Pferd zwischendurch ablenken lässt, ist dabei nicht schlimm und nur natürlich, denn kein Mensch und schon gar kein Tier kann sich bis zu zwei Stunden am Stück ohne Pause konzentrieren. Besonders wichtig wird aber die Aufmerksamkeit in Situationen, in denen das Pferd abwägt, vor einem äußeren Fluchtreiz zu fliehen, wobei es selbst und der Mensch in Gefahr gerät. Diese Unaufmerksamkeit auf den Menschen stellt dann einen klaren Sicherheitsaspekt dar. Nehmen wir dem Pferd die Aufmerksamkeit auf die Umgebung, nehmen wir ihm auch den Stress der ständigen Kontrolle der Umwelt. Das Pferd kann sich erst komplett auf unsere Signale und damit auf unsere Aufgaben konzentrieren, wenn es losgelassen und entspannt ist, und das wiederrum kann es nur sein, wenn es uns die Kontrolle und das Abschätzen der Gefahren überlässt. Genauso wie diese Aufgaben an den Ranghöchsten in der Herde abgegeben werden. Bei dem Gedanken des Leadership – dem Pferd gegenüber also eine gute Leitfigur darzustellen – ist das Ziel, das Pferd auf sich zu konzentrieren und im selben Augenblick die Möglichkeit zu haben, es zu entspannen.

Souveränität bedeutet in dem Moment, sich immer wieder auf die schon erwähnte Neutralität zu besinnen, und immer eine faire Konsequenz, sowohl in der Signalverstärkung und damit der Deutlichkeit des Reizes, als auch im Lob an den Tag zu legen, um dadurch stets die Motivation des Pferdes beizubehalten.

DIE AUFMERKSAMKEIT DES MENSCHEN AUF DAS PFERD

Im Zeitalter des Multitasking, der Schnelllebigkeit und der ständigen Zeitknappheit ist es schwierig, sich in Ruhe nur mit einer Sache zu beschäftigen. Wenn wir dies von unserem Pferd verlangen, wäre es nur fair, selbst konzentriert, wach und achtsam bei der Sache zu sein. Ein feines Wechselspiel von Signalen kann nur funktionieren, wenn beide Kommunikationspartner die volle Aufmerksamkeit des anderen haben und konzentriert aufeinander sind (siehe Kapitel 5 »Fokussiert Handeln«, S. 114).

Das richtige KÖRPERGEFÜHL

Ist der Mensch angespannt und selbst unsicher oder hat Angst vor der Reaktion des Pferdes, wird das Pferd diese Anspannung widerspiegeln. Das Bild zeigt deutlich, wie sich die körperliche Anspannung des Menschen auf das Pferd überträgt. Es reagiert mit angespanntem Unterhals und Rücken und fühlt sich sichtlich unwohl.

Es wurden in den vergangenen Kapiteln nun schon wichtige Grundlagen dargelegt, die für die pferdegerechte Kommunikation ausschlaggebend sind. Theoretisch sind die meisten Dinge klar und logisch. Meiner Erfahrung nach scheitert die Kommunikation allerdings in der Praxis häufig durch das fehlende Körpergefühl des Menschen. Es fängt damit an, im richtigen Augenblick die passende Signalstärke aussenden zu können, und sich der Signale, die man sendet, bewusst zu sein. Um Habituation zu vermeiden, dürfen die Signale nicht auf einer Signalstufe stehen bleibe. Sie werden damit irrelevant. Man muss sich selbst wahrnehmen und in seinem Handeln reflektieren können. Bei der Erhöhung der Reizintensität kommt es nicht alleine auf den simplen Druck des Reizes (z.B. durch den Schenkel) an, sondern auch auf die gefühlvolle Veränderung. Ebenso muss die Intention des Reizgebers (Mensch) für den Empfänger (Pferd) deutlich sein und deren Wichtigkeit nicht in

Durch eine positive Grundspannung kann man das Pferd in eine gute Selbsthaltung bringen. Sobald das Pferd sich selbst trägt und reaktiv auf die Hilfen ist, belohnt der Reiter mit passiven Sequenzen, in denen nicht mehr aktiv getrieben wird. Somit wird das Pferd motiviert, von sich aus eine gute Reaktivität zu zeigen und die positive Grundspannung selbst zu erhalten.

Frage gestellt werden. Diese Art zu handeln könnte man auch als Willensstärke bezeichnen, die mitunter über die Körperspannung wiedergegeben wird.

Körperspannung bedeutet nicht nur die Anspannung der Muskulatur, sondern zeigt dem Gegenüber auch die Klarheit und Willenskraft des Senders. Die Körperspannung darf wiederum nicht in eine Verspannung oder Verkrampfung übergehen, sondern muss im besten Fall

Die Signalsteigerung kommt auch ohne direkte Berührung beim Pferd an. Die Reizenergie, die vom Menschen gesendet wird, wandelt sich hier in Bewegungsenergie beim Pferd um.

willentlich regulierbar sein. Um diese Körperspannung kontrollieren zu können, gehört das Trainieren und das Verbessern des eigenen Körpergefühls zur guten Kommunikation dazu.

Wenn die Körperspannung zur Verkrampfung führt, beispielsweise weil man selbst angespannt, ängstlich oder sogar wütend ist, würde dies zum gegenteiligen Effekt führen, nämlich nicht mehr entschlossen und präzise reagieren zu können. Denn zur Körperkontrolle und dem richtigen Gefühl gehört auch, die Spannung im richtigen Moment wieder absinken zu lassen, also zu entspannen.

Die Reizverfeinerung, die in der Herde zwischen den Artgenossen auf natürliche Weise stattfindet, müssen wir nun versuchen, auf die Kommunikation mit dem Pferd zu übertragen. Was so einfach klingt, gelingt nicht immer. Denn hierzu gehört eine gute Beobachtungsgabe, die uns sagt, wann wir überhaupt eine Veränderung des Pferdeverhaltens wünschen. Ebenso ein gutes eigenes Körpergefühl, um den Reiz dynamisch, aber doch nicht zu langsam zu steigern. Weiter die Wahrnehmung, ob das Pferd schon reagiert, um dann wiederum sein eigenes Verhalten sofort zu verändern, indem der Reiz weggenommen wird. Hier spielen also Wahrnehmung, Gefühl, Konsequenz und ein gutes Timing eine entscheidende Rolle.

SIGNALE RICHTIG SETZEN

Als Grundlage, ein Signal richtig zu setzen, gehört die Vorstellung davon, was für ein Verhalten man beim Kommunikationspartner auslösen möchte. Man sollte also erst denken und dann handeln. Dem Pferd ist sein Ziel sehr klar: Wenn es ein Drohsignal setzt, soll der rangniedrigere Artgenosse weichen, um die Futterstelle freizumachen. Wir Menschen verlangen vom Pferd aber meist differenziertere Reaktionen, beispielsweise ins Seitwärts zu weichen oder nur die Hinterhand übertreten zu lassen. Hier macht es Sinn, uns über ein inneres Bild die gewünschte Reaktion klarzumachen und innerlich vor Augen zu führen. Die Vorstellung wie viel Energie wir über den Reiz optimal einsetzen, um eine geschmeidige und direkte Reaktion des Pferdes zu bekommen, sollten wir uns vorher bewusst machen.

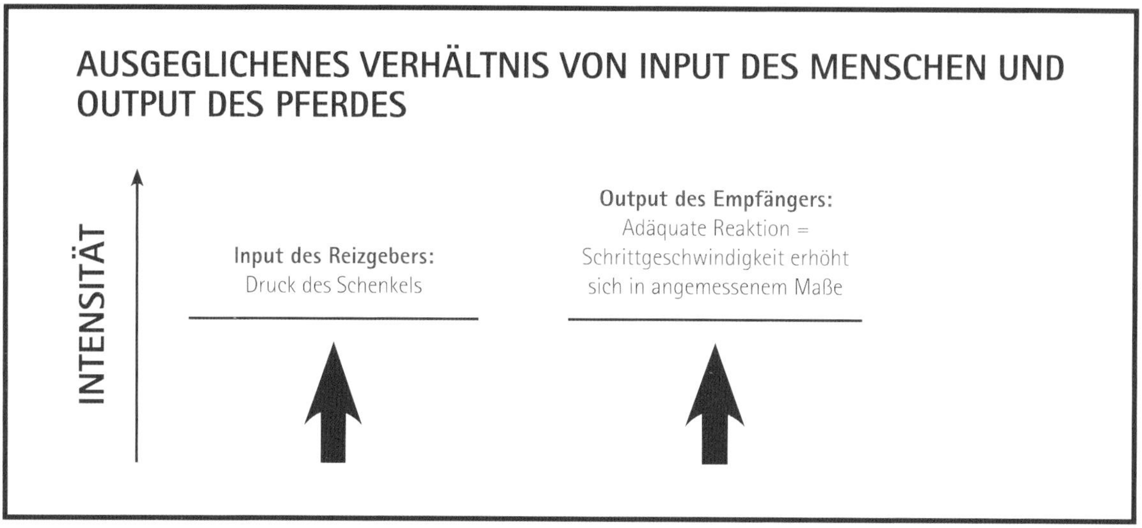

Abb. 16 a: Wenn der Input des Menschen, also die Intensität des Reizes, vom Pferd adäquat (also dem Druck entsprechend) beantwortet wird, sind In- und Output auf gleicher Ebene. So ist das Verhältnis gewünscht, es geht keine Reizenergie verloren, sondern diese ist sozusagen durchlässig.

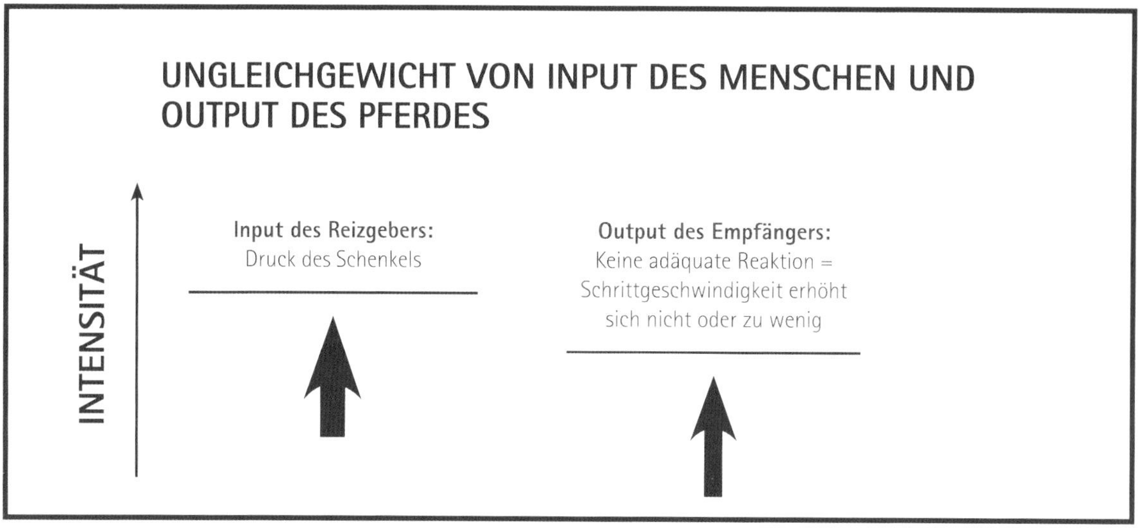

Abb. 16 b: Ist die Reizenergie, die der Mensch mit seinem Signal erzeugt, höher als ihr anschließender Reaktions-Output, reagiert das Pferd nicht adäquat und es erfolgt keine angemessen starke Reaktion. Es geht Energie verloren und das Pferd habituiert auf die Reizintensität.

Dieses Gefühl von eigner Aktion und der Vorstellung der Reaktion des Pferdes, sollte nun bestmöglich mit der Realität abgeglichen werden. Dies funktioniert besser als man denkt, weil man schon fokussierter an die Situation herangeht. Wenn das davor erzeugte Bild in

VERHÄLTNIS VON IN- UND OUTPUT VERSCHIEBT SICH IN DIE FALSCHE RICHTUNG

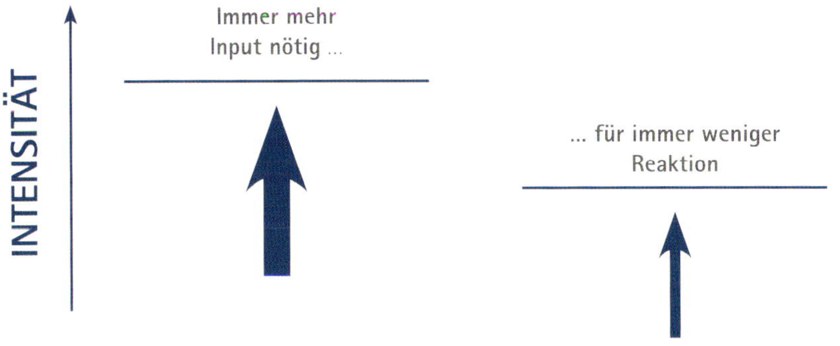

Abb. 16 c: Die Habituation hat zur Folge, dass immer mehr Reizintensität nötig wird, um überhaupt noch eine Reaktion zu bekommen. Die Reizenergie des Inputs läuft zum größten Teil ins Leere und wird verschwendet.

der realen Situation wahrgenommen wird, hat man das Ziel der Signalgebung erreicht. Die Skizzen zeigen, wie man sich schemenhaft den richtigen Input des Signalgebers und den dazugehörigen Output des Signalempfängers vorstellen kann.

DAS »ON-OFF-PRINZIP«

Signale im richtigen Moment an und abschalten zu können, ist der Schlüssel zur feinen Kommunikation. Zentriert – oder fokussiert – sein, aber dennoch flexibel reagieren können, ist ausschlaggebend. Das Überleben eines Pferdes hängt davon ab, innerhalb von Sekunden oder deren Bruchteilen, reagieren zu können. Meistens sind wir als Menschen viel zu langsam. Nicht nur, um eine Intensität eines Signals auf den Punkt, und damit über die Reizschwelle, bringen zu können (siehe Abb. 9, S. 96), ist es wichtig, seine eigene Körpersprache bedienen zu können. Indem man muskuläre Spannung regulieren und somit an- und abschalten kann, wirkt dieses »Abschalten« als direkte Bestätigung für die richtige Reaktion des Pferdes. Aus diesem Grund nenne ich dies das »On-Off-Prinzip«.

Jeder Mensch bringt eine gewisse Körperspannung mit sich. Manche Menschen haben grundsätzlich eine höhere Körperspannung, meist äußert sich dies in einem eher unruhigen und manchmal sogar rastlosen Verhalten. Andere Menschen haben von Natur aus eine eher geringere Körperspannung. Ihnen fällt es ab und an schwer, auf den Punkt oder »aus dem Knick« zu kommen. Jeder hat, was die feine Kommunikation mit dem Pferd angeht, etwas an seinem »Defizit« zu arbeiten. Der Typ mit dem grundsätzlich höheren Muskeltonus muss sich auch zwischendurch kontrolliert auf den Punkt entspannen können. Der Mensch mit der niedrigen Körperspannung muss es schaffen, seine Signalgebung gezielt einzusetzen und auf den Punkt die Körperspannung zu intensivieren. Beides ist nicht

Wenn der Mensch es schafft, zur Signalintensivierung die Körperspannung auf den Punkt zu erhöhen und wieder herunterzufahren, nutzt er das »On-Off«-Prinzip für die klare und feine Signalgebung. Die neutrale Position vor dem Pferd gilt als Anhaltesignal. Das Pferd wird für die vorherige gute Reaktion sofort mit dieser Pause belohnt. Wenn in diesen kleinen positive Sequenzen gearbeitet wird, behält das Pferd die Aufmerksamkeit auf den Menschen gerichtet, was hier gut an der Mimik des Pferdes zu sehen ist.

»JETZT WURDE ICH MAL RICHTIG WÜTEND, DANN HAT ES GEKLAPPT!«

Steffi, eine Lehrgangs-Teilnehmerin, hatte enorme Schwierigkeiten, ihrem Pferd adäquate (also der Reizintensität entsprechende) Reaktionen zu entlocken. Sie musste unglaublich viel machen, um ein ganz klein wenig von ihrem Pferd zu bekommen. Das frustrierte sie natürlich, besonders, wenn ich zur Demonstration mit dem Pferd Übungen vormachte und es spontan und reaktiv reagierte. Wenn ich mit Teilnehmerpferden etwas vormache, soll das den Besitzer nicht frustrieren, aber es soll ihm deutlich machen, dass es nicht am Pferd liegt. Steffi war sich also durchaus bewusst, dass sie etwas »falsch« machte. Für sie war es unglaublich schwierig, aus ihren Mustern herauszukommen. Aber mein »Vorführeffekt« hatte sie so angekratzt, dass sie es auf einmal schaffte, sehr entschlossen zu agieren und ihr Pferd tatsächlich mal in einem »Rückwärts« von sich wegschicken konnte. Sie sagte anschließend ganz außer Atem: »Jetzt bin ich mal richtig wütend geworden, dann hat es geklappt.«

Diesen Satz höre ich öfter und stelle nach dieser Äußerung immer eine ganz wichtige Botschaft heraus, die ich auch Steffi erklärte: Es ist nicht die Wut, die sie an dieser Stelle weitergebracht hat, sondern die Veränderung in ihrem Verhalten und die damit verbundene kurze Intensitätsänderung ihres Signals. Im Gegenteil, unter Wut, also einer negativen Emotion, ist die Körperspannung nicht mehr regulierbar, und dies wäre kontraproduktiv. Wut würde ich es in diesem Falle nicht nennen, aber vielleicht bewirkt dieser kurze Moment, den ich bei Steffi und auch schon bei einigen anderen erlebt habe, dass sie einmal entschlossen gehandelt haben. Wichtig ist an diesem Moment, dass sie sich ihrer »Selbstwirksamkeit« bewusst werden. Damit war Steffi natürlich noch nicht am Ende des Prozesses angelangt. Anschließend mussten wir vermehrt daran arbeiten, die Spannung, die sie tatsächlich in der Lage war, zu erzeugen, in geordnete, wieder abrufbare und vor allem neutrale Bahnen zu lenken. Um auch diese Art von Signalgebung für sie nicht mehr unter »Wut« einzuordnen.

einfach und muss trainiert werden. Da wir diese Präzision und Schnelligkeit in der menschlichen Kommunikation meist nicht brauchen, sind die Pferde uns hier von Natur aus um Längen voraus.

Wichtig ist, dass eine gezielt erhöhte Grundspannung nichts mit Verspannung zu tun hat. Verspannung würde bedeuten, dass das »Off« – also die Entspannung – nicht mehr spontan und willentlich funktioniert. Hier ist ebenso die Neutralität gegenüber dem Pferd äußerst wichtig (siehe oben – Neutralität als Bonus).

Souveränität: Der Blick ist nach vorne gerichtet, das Ziel vor Augen. Die Körperhaltung aufrecht und offen. Der Körper unter positiver Grundspannung.

WIE MAN SELBST GELASSENHEIT, RUHE UND SOUVERÄNITÄT AUSSTRAHLT

Um dem Pferd gegenüber wirklich fokussiert und angemessen reagieren und sich »an- und abschalten« zu können, bedarf es einer grundsätzlichen inneren Ruhe. Emotionen sollten einen möglichst nicht beeinflussen (siehe Neutralität), sondern man sollte sich konzentriert dem eigenen Verhalten und dem des Pferdes widmen können. Wir verlangen vom Pferd im Training, dass es sich konzentriert, unsere Signale unterscheidet und angemessen darauf reagiert. Dann wäre es nur angebracht, sich selbst ganz auf diese Kommunikation zu konzentrieren. Tiere machen sich keine Sorgen um die Vergangenheit oder die Zukunft, sie müssen im Hier und Jetzt aufmerksam und reaktiv sein. Sich hochkonzentriert mit dem Pferd und seinem Verhalten zu beschäftigen, hat nichts mit ständiger angespannter Kontrolle zu tun. Im Gegenteil: Gelassenheit ist hier der Schlüssel zum Erfolg. Gelassenheit kommt von Loslassen, beim Pferd ist das im übertragenen, aber auch im wörtlichen Sinne gemeint. Die Zügel, das Führseil loslassen zu können, eine beobachtende Rolle einzunehmen und dennoch nicht die Kontrolle und Souveränität über die Situation zu verlieren, machen den wahren Leader aus.

Eine beobachtende Rolle einnehmen kann man vom Boden und vom Sattel aus. Souveränität bedeutet, genau im richtigen Moment in das Geschehen einzugreifen, nicht schon vorsorglich. Das Pferd lernt so, selbstständig die richtigen Entscheidungen zu treffen.

DER RICHTIGE RHYTHMUS

Viele Bewegungen des Pferdes und des Menschen laufen rhythmisch und in einer bestimmten Dynamik ab. Wenn eine Gangart nicht in einem gleichmäßigen Takt abläuft, wissen wir, dass mit dem Bewegungsablauf des Pferdes etwas nicht stimmt. Beim Reiten ist es recht offensichtlich, dass wir selbst ein Rhythmus- und Taktgefühl brauchen, um die Bewegungen des Pferdes überhaupt wahrnehmen zu können. Entscheidend für die Wahrnehmung des Bewegungs-Rhythmus' des Pferdes ist, den eigenen Körper diese Bewegung nachfühlen zu lassen. Die Beweglichkeit im Becken fängt dabei den meisten Schwung des Pferdes auf. Das »Sich-bewegen-Lassen« setzt natürlich auch gewisse motorische Fähigkeiten voraus und eine eigene Körperwahrnehmung. Das motorisch Schwierige daran ist, dass sowohl manche Körperbereiche beim Reiten unter einer positiven Grundspannung stehen müssen, wie der Schultergürtel für die eigene Aufrichtung und die Unterschenkel für die Impulse des Treibens, aber auch Bereiche losgelassen und locker sein müssen, um mitschwingen zu können (Bereiche der Mittelpositur, wie das Becken). Erst wenn die Wahrnehmung des Rhythmus' funktioniert, können feine Störungen, wie Taktunreinheiten, bemerkt werden. Der Reiter kann dann erst positiv auf den Takt des Pferdes einwirken und dem Pferd helfen, diesen wieder zu finden, beispielsweise wenn es droht, in seiner Körperspannung »auseinanderzufallen«. Die Bewegung des Pferdes und des Menschen rhythmisch einheitlich werden zu lassen, ist die Grundvoraussetzung für eine harmonische Kommunikation vom Sattel aus.

Signale müssen in einem gewissen Rhythmus erfolgen. Das bedeutet nicht, dass sie monoton und abstumpfend eingesetzt werden sollen. Sondern ein Reiz kann nur dann vom Pferd umgesetzt werden, wenn er im richtigen Moment der Bewegungsabfolge gegeben wird. So sollte das seitwärts treibende Bein nur im Takt des gleichseitig abfußenden Hinterbeines seinen Impuls geben, um dieses vermehrt unter den Schwerpunkt zu treiben, sonst geht der Effekt des impulsgebenden Beines verloren.

Impuls oder Dauerdruck

Wenn man den Takt des Pferdes aufnimmt, hat man nur den Bruchteil einer Sekunde Zeit, ein präzises Signal zu geben, das in diesem kurzen Moment auch noch dynamisch variabel sein soll, also in seiner Intensität kurzfristig gesteigert und im richtigen Moment sofort wieder nachlassen muss (siehe Abb. 9, S. 62 und Abb. 15, S. 93). Wenn wir hingegen einen Dauerdruck z.B. über das Bein oder den Zügel verursachen, kann innerhalb weniger Sekunden schon eine Gewöhnung stattfinden (siehe Habituation, S. 58), da der Informationswert dieses Signales verloren geht. Wenn ein Pferd jedoch eher skeptisch auf das Reiterbein reagiert, können wir diesen Effekt nutzen, und es ist von Vorteil, erst durch rhythmisch monotone Bewegung das Pferd auf das Bein zu beruhigen. Es kommt also ganz auf die Reaktion des Pferdes an.

FOKUSSIERT HANDELN

Sich zu konzentrieren heißt, sich gedanklich und körperlich auf die Ausführung einer Sache zu beschränken. Dies soll nicht implizieren,

Die Beckenbewegung des Menschen ist für das Pferd auch durch den Sattel deutlich spürbar. Nur wer sein Becken frei bewegen kann, kann es als Kommunikationsmittel einsetzen. Mit dem Becken ist sowohl eine bremsende Wirkung zu erreichen (durch Abkippen) als auch eine Richtungsänderung (durch Gewichtsverlagerung). Ist die Gewichtsverlagerung zu stark, kann es passieren, dass der Reiter in der Hüfte abknickt und sein Sitz instabil wird.

dass man nicht auch komplexe Bewegungsabläufe, die aus verschiedenen Komponenten bestehen, in diesem Moment umsetzen kann. Im Gegenteil, dies verlangen wir auch vom Pferd in einer Dressurlektion. Bei der Piaffe soll sich das Pferd auf die Signale des Reiters konzentrieren und in diesem konzentrierten Zustand umsetzen, also voll und ganz »durchlässig« für alle Signale sein. Sein eigenes Gewicht verlagern, die Hanken beugen, die rhythmisch-diagonale Fußfolge wählen, sich vom Zügel abstoßen und damit leicht im Genick und in der Hand werden. Also kann man hier von einem konzentrierten Zustand sprechen, der sehr wohl parallele Handlungsabläufe zulässt.

Wenn wir uns ausschließlich auf die effektive und feine Kommunikation mit dem Pferd konzentrieren, muss unser eigener Köper auch gewisse Dinge gleichzeitig tun, Stichworte hierfür sind: Körperhaltung, Spannung, Gewichtsverlagerung und dabei eine richtungsweisende Geste. Dafür muss man auf der geistig-kognitiven Ebene Störeinflüsse ausblenden, die diesen konzentrierten Zustand stören könnten. Diese Störeinflüsse sind oft auf mentaler Ebene: Man ist mit den Gedanken noch im Büro, bei den Geschehnissen des vergangenen Tages, bei einer unangenehmen Begegnung mit einem unliebsamen Menschen usw. Man ist nicht bei der »Sache«. Man kann aber auch gedankenverloren sein, das heißt vor sich hinträumen, über etwas Angenehmes nachdenken, beispielsweise den nächsten Urlaub. Man kann sich gedanklich auch unter Druck setzen, dass in dieser Einheit die Lektion funktionieren muss, da das Turnier nun nicht mehr lange hin ist. Dieses Umherschweifen der Gedanken lenkt von der eigentlichen Konzentration ab. Diese Gedanken sind unweigerlich mit dem nächsten Faktor verbunden, der uns oft aus einem konzertierten Zustand abschweifen lässt, der Emotion. Die Gedanken an den unliebsamen Kollegen sind mit Ärger oder Wut verbunden, die Gedanken an den schönen Urlaub mit Freude und die an das nächste Turnier mit Ehrgeiz, innerlichem Druck und vielleicht sogar mit einer gewissen Scham vor den anderen, das gesetzte Ziel noch nicht erreicht zu haben. Wie Emotionen die Kommunikation beeinflussen und wie wichtig eine neutrale Haltung in der Arbeit mit dem Pferd ist, wurde in diesem Kapitel bereits beschrieben (siehe oben).

KONZENTRATION

Bei der Konzentration handelt es sich um die willentlich fokussierte Ausrichtung der Aufmerksamkeit auf eine bestimmte Handlung oder einen Sachverhalt. Diese hilft, ein kurzfristiges Ziel oder eine Aufgabe zu lösen. Während der Konzentrationsphase ist man in einem geistig angestrengten Zustand, der mit der Zeit nachlässt. Wenn man sich in einem positiven emotionalen Zustand befindet, ist die Konzentrationsfähigkeit höher, als wenn man in einer negativen Stimmung ist.

Die Störeinflüsse können aber auch von Umgebungsreizen kommen. Ein Phänomen, welches ich oft beobachte, ist, dass kein großer Wert auf eine konzentrierte »Arbeitsatmosphäre« gelegt wird. Während wir auf dem Bürostuhl sitzen und Vorgänge am Computer durchgehen, wäre es auch nicht von Vorteil, sich gleichzeitig mit der Kollegin über den nächsten Urlaub zu unterhalten. In diesem Fall ist es uns klar, dass wir nur in unserem Vorhaben vorankommen, wenn wir uns dabei nicht mit etwas völlig Anderem beschäftigen. In unseren Reithallen wird sich während des Reitens oder der Bodenarbeit gerne miteinander unterhalten oder das Handy gezückt. Hier sollte man sich im Klaren sein, dass die Kommunikation zwischen Mensch und Pferd in diesem Moment unterbrochen ist.

Wie schulen wir selbst unsere Konzentration?

Fokussiertes und damit auch effektives Handeln kann funktionieren, wenn wir die Energie, die wir zur Verfügung haben, nicht für alle möglichen Nebenschauplätze nutzen, oder gar versuchen, Dinge gleichzeitig zu machen. Man weiß inzwischen, dass »Multitasking« nicht reell funktioniert, sondern dass es viel effektiver ist, die Dinge, die man am liebsten auf einmal tun möchte, konzentriert nacheinander zu bewältigen. Wenn wir also noch mit den Gedanken bei der Arbeit sind oder uns noch gedanklich mit dem Kommentar der Freundin beschäftigen, der uns aufgeregt hat, oder gerade versuchen, mehrere Unterhaltungen gleichzeitig per SMS zu führen und zur selben Zeit außerdem mit dem Pferd arbeiten wollen – kann unser Fokus nicht auf der Kommunikation mit diesem liegen. Man verschwendet in diesem Moment die Energie mit vielen anderen Dingen, und weder die Arbeit mit dem Pferd noch eine andere Sache wird zufriedenstellend bewältigt.

Wenn wir dieses unachtsame Verhalten gegenüber dem Pferd wiederum aus Sicht des natürlichen Pferdeverhaltens in der Herde betrachten, ist es kein souveränes und schützendes Verhalten unserem unterlegenen und auf Sicherheit vertrauenden Tier gegenüber.

Seine eigene Konzentration kann man schulen, indem man übt, sich immer wieder erst sekunden-, dann minutenlang auf etwas zu konzentrieren. Das kann eine Aufgabe sein, wie ein Sudoku oder ein Kreuzworträtsel oder aber auch nur die Wahrnehmung bestimmter Dinge. Wenn man die Augen schließt und sich einmal fünf Minuten beispielsweise auf seine Atmung konzertiert, ohne sich ablenken zu lassen, ist man schon sehr gut. Diese Art von Konzentration hat den Vorteil, dass man auch entspannter und ruhiger wird, zum Beispiel, wenn man gerade aus einem stressigen Arbeitsalltag kommt oder eine beunruhigende Situation vor sich hat.

ROUTINE ODER ABWECHSLUNG?

Man sagt: Der Mensch ist ein Gewohnheitstier. Und was ist mit dem Pferd? Wir kennen es von uns selbst, Abläufe, die wir kennen – sei es im Alltag oder im Beruf – geben uns Sicherheit. Wir können uns darauf verlassen, dass unsere Arbeitsbesprechung einmal wöchentlich zur selben Zeit ist und dass der Chef die selben Routinefragen stellt. Wenn wir uns mit keinen ungewohnten Situationen auseinandersetzen müssen, fühlen wir uns wohler. Auf diese Weise besteht allerdings die Gefahr, dass wir in einen Trott hineingeraten. Routinemäßige Arbeiten laufen automatisiert ab und bedürfen kaum noch unserer Aufmerksamkeit. So können sich Fehler oder Unachtsamkeiten einschleichen, die man unter Umständen erst gar nicht wahrnimmt. Diese werden dann direkt mit automatisiert, werden dann Teil der Routine. Plötzlich reißt uns bei der Arbeit dann der Chef aus dieser Routine und regt sich fürchterlich über etwas auf, was wir doch schon die ganze Zeit so gemacht haben. Warum den Arbeitsablauf denn plötzlich anders gestalten, damit er effizienter wird? So hat es doch bisher ganz gut und bequem funktioniert. Dies stößt dann wiederum bei uns auf Unverständnis, der Chef hätte ja auch schon mal früher sagen können, dass es ihm so nicht recht ist!

Wenn wir diese Situation versuchen, auf Mensch und Pferd zu projizieren, dann haben wir täglich wiederkehrende Routinen. Die wir so machen, weil wir sie eben immer so machen. Das Pferd trottet von der Weide hinter uns her zum Anbindeplatz. Dort spulen wir selbst beim Putzen die gleichen Handgriffe ab, reiten danach 60 Minuten unsere Hufschlagfiguren, die letzten 5 Minuten werden dem Galopp gewidmet, und es war eigentlich alles so wie immer.

Routine ist an sich nichts Schlechtes, da sie auch dem Pferd Sicherheit in den Abläufen vermittelt. Der Nachteil an einer Routine können die oben genannten Dinge oder Verhaltensmuster sein, die sich nach und nach – unbemerkt – einschleichen. Pferd und Mensch achten eigentlich während des Führens gar nicht mehr aufeinander, da kann noch schnell eine SMS an die Freundin geschickt werden. Oder das Pferd läuft eben immer etwas voraus, weil es schon seine Futterschüssel am Anbinder erwartet.

Routinemäßige Abläufe können auch solange gut gehen, bis etwas Unvorhergesehenes passiert. Denn das Pferd bleibt auch in seinem Alltagstrott fluchtbereit und kann sich beispielsweise vor einer kleinen Veränderung auf dem Hof erschrecken, auch wenn man selbst diese Veränderung gar nicht wahrgenommen hat (siehe Kapitel 2 »Wahrnehmung und Verhalten«). Eine Änderung in der Routine kann aber ebenso sein, dass der Mensch plötzlich etwas Anderes verlangt, da ja in zwei Wochen das Turnier ansteht und nun noch dringend etwas Neues geübt werden muss. Auch bei dieser unvorhergesehenen Veränderung tut sich das Pferd womöglich erst einmal schwer - denn ihm fällt es ebenfalls nicht leicht, aus alten Mustern auszubrechen.

Wenn man hingegen immer wieder bewusst Abwechslung und kontrolliert neue Situationen in die Arbeit mit dem Pferd integriert, fördert man nicht nur die Aufmerksamkeit beider Parteien, sondern etabliert auch neue positive Bewältigungsstrategien mit ungewohnten Situationen. Beispiele hierfür sind: neue Hindernisse in der Bodenarbeit zu bewältigen oder neue gymnastizierende Übungen beim Reiten einzubauen. Auch den Trainingsort variabel zu gestalten, fördert die Aufmerksamkeit auf die Signale des Menschen. So kann man im Gelände genauso Lektionen reiten wie in der Bahn. Oder man kann auch einmal in eine andere Reithalle fahren. Hierbei generalisiert (also überträgt) das Pferd nicht nur das Gelernte, sondern die Reaktionen werden immer stabiler abrufbar, da immer wieder die Aufmerksamkeit beider gefragt ist und die Signal-Reaktions-Muster auf andere Situationen transferiert werden.

Man kann also sagen: Routine beruhigt und gibt Sicherheit durch gewohnte Abläufe, und Abwechslung steigert die Aufmerksamkeit.

AUS ALTEN MUSTERN AUSBRECHEN

Warum fallen uns Veränderungen so schwer? Der Mensch ist wie schon beschrieben eben ein Gewohnheitstier. Und er will nur ungern etwas anders machen als die anderen, um nicht aufzufallen oder vielleicht gar ausgelacht zu werden. Hierzu eine kleine Geschichte.

Solche Geschichten höre ich öfter auch von den Teilnehmern der Bodenarbeitslehrgänge. Zum Glück schaffen es immer mehr Reiter, nicht auf das Gerede der anderen zu hören, und das zu tun, was ihnen und ihrem Pferd hilft. Wenn nur jeder wüsste, dass kleine Veränderungen – und dazu gehört auch mal vom Boden aus zu arbeiten – so viel zum Positiven verändern können, würden vielleicht noch mehr Reiter hinter dieser Arbeit stehen. Und die Hürde wäre eventuell nicht so groß, auch wenn man belächelt wird, seine Linie der pferdegerechten Kommunikation durchzuziehen. Aber die Angst zu scheitern, mit dem was man neu ausprobiert, und dann auch noch vor den Augen der reitenden Miteinsteller, hemmt leider zu oft, eigene gute Erfahrungen mit der vielleicht etwas »anderen« Art von Kommunikation zu machen. Etwas anders zu machen als sonst, ist zunächst erstmal unbequem, und man fällt nur zu gerne wieder in alte Verhaltensmuster zurück. Vielleicht wird das Verhalten des Pferdes ja von selbst wieder besser und es ist nur eine Phase? Das wird wahrscheinlich nicht passieren. Im

»WENN ICH BODENARBEIT MACHE, LACHEN DIE ANDEREN.«

Eine Pferdebesitzerin rief mich an, da sie sich nicht mehr zu helfen wusste. Sie berichtete mir, ihr Wallach ließe sich nicht mehr richtig longieren, würde sich einfach nach Lust und Laune hinschmeißen und wälzen und ließe sich auch sonst schlecht führen. Die Frau lebte in der ständigen Angst, ihr Pferd könnte sich losreißen.

Beim vereinbarten Trainings-Termin, wohlgemerkt am späteren Abend, zeigte sich deutlich: Das Pferd hatte beschlossen, seine eigenen Entscheidungen zu treffen – und zog das konsequent durch. Die Besitzerin konnte nur selten seine Aufmerksamkeit gewinnen. Es forderte tatsächlich das Recht ein, sich dann zu wälzen, wann es ihm gerade danach war. Zum Glück arbeiteten wir nur vom Boden aus. Ich gewann durch weichende Bodenarbeitsübungen ganz schnell seine Aufmerksamkeit und schaffte es letztendlich auch, ihn vom Wälzen abzuhalten. Die Besitzerin konnte die Übungen mit ihm gut nachmachen, es fehlte ihr lediglich an Routine, selbst noch klarer in der Signalgebung zu werden. Nichts, was man nicht hätte üben können. Genau das war der springende Punkt, wie sich im Abschlussgespräch herausstellte. Sie wählte absichtlich den Abend-Termin, da dann keiner mehr im Stall war, der unser Training hätte beobachten können. Sie erzählte mir, dass die anderen Pferdebesitzer sie auslachen würden, wenn sie am Boden mit ihrem Pferd arbeitete. Für ihre Kritiker wären Pferde zum Reiten da und nicht für Spielereien am Boden.

Gegenteil, wenn wir kleine Verhaltensänderungen beim Pferd ignorieren oder zulassen, wird es immer schwieriger und aufwändiger das, was man eigentlich haben wollte, wieder herbeizuführen. So kann es passieren, dass von der kleinen Unaufmerksamkeit beim Reiten bis hin zum Auslassen einer ganzen Ecke, wo das Pferd immer guckt und scheut, irgendwann nur noch ein Zirkel bereitbar ist, weil der Arbeitsbereich nach und nach eingeschränkt wurde. Hätte man von Anfang an die kleine Unaufmerksamkeit auf Außenreize positiv auf den Menschen umgelenkt und die Ecke als Pausenecke eingerichtet, hätte sich dieses Verhalten gar nicht erst weiter ausgedehnt – im wahrsten Sinne des Wortes. Oft will man aber solche Veränderungen am Pferd gar nicht wahrhaben und gar nicht erkennen, dass sich gerade ein Problem entwickelt. Wenn man den Gedanken aber dann doch zulässt, dass eigentlich etwas schiefläuft oder man einfach dem Problem nicht mehr ausweichen kann, schlägt sich dies oft in Frust nieder. Oder man empfindet es sogar als ungerecht, warum andere keine Probleme mit ihrem Pferd haben, man selbst aber umso mehr. Wenn die Dinge bei der Arbeit mit dem Pferd nicht so laufen, wie der Mensch es gerne hätte – er will ja schließlich NUR 1 oder 2 entspannte Stunden am Tag mit seinem Pferd verbringen –, werden häufig die äußeren Umstände dafür verantwortlich gemacht. Es finden sich viele Faktoren, die daran schuld sein mögen, warum es nicht so läuft, wie es laufen sollte. Es fängt an mit der Reithalle, dem Boden, dem Wetter und endet bei den Mitreitern usw. Wenn man aber stets die Schuld woanders sucht und nicht bei sich selbst, wird eine Verbesserung auch nicht eintreten können. Der Frust und die Einschränkungen bleiben nämlich, nein, sie dehnen sich, wie oben beschrieben, sogar immer weiter aus. Man wird jeden Tag erneut enttäuscht und verliert nach und nach die Freude an seinem Hobby, das einem die Freizeit eigentlich verschönern sollte.

Bei mir melden sich oft Menschen, die schon kurz davor sind, das Reiten oder sogar die »ganze Sache mit dem Pferd« an den Nagel zu hängen. Dieser erste Schritt, um Hilfe zu bitten, kommt dann zwar reichlich spät, aber er HAT noch stattgefunden. Wenn dann noch die Einsicht im Laufe des gemeinsamen Trainings kommt »Ach, es liegt dann wohl an mir!«, dann sind wir noch einen Schritt weiter. Denn sich selbst in seinem Verhalten zu verändern, ist der Schlüssel, doch man muss es tun!

FORTSCHRITTE ERKENNEN

Wenn man eingesehen hat, dass sich durch die Veränderung des eigenen Verhaltens und der Grundeinstellung gegenüber dem Pferd, auch das Verhalten des Pferdes ändern lässt, hat man bereits einen wichtigen Schritt geschafft. Allerdings begegnet mir häufig, egal ob in Kursen oder im Einzeltraining, eine unangemessene Ungeduld. Gerade die Erkenntnis gewonnen zu haben, dass es an einem selbst liegt, heißt noch lange nicht, dass man sein Verhalten von jetzt auf gleich umstellen kann. Meist sind es Bewegungsabläufe, bei uns UND bei dem Pferd, die sich manifestiert haben. Es fängt schon bei den grundlegenden Bodenarbeitsübungen an. Nehmen wir als Beispiel die Übung »Schulter weichen lassen«: Bei dieser Übung ist es enorm wichtig, dass man dem Pferd über seine Körperposition und die Ausrichtung des Reizes vermittelt, wie es reagieren soll (siehe S. 132).

Hier erlebe ich oft, dass die Besitzer ungeduldig werden, wenn es nach einigen Wiederholungen noch nicht perfekt klappt. Es ist für den Menschen wie für das Pferd Übungssache, diese neuen Bewegungsmuster abzuspeichern und die Koordination hierfür immer mehr zu automatisieren. Ein zu hoher Anspruch an sich selbst kann einem hier im Weg stehen, weil dann der Frust (mit seinen negativen Emotionen) die zielgerichteten Handlungsabläufe blockiert. Viel sinnvoller ist es, kleine Fortschritte bei sich selbst und dem Pferd zu erkennen, diese sofort zu belohnen und Schritt für Schritt (im wahrsten Sinne des Wortes) daran anzuknüpfen. Für das Lernverhalten ist es bei beiden viel effektiver, kleine positive Reaktionen zu erkennen, zu pausieren und lieber öfter den neuen Ablauf im Ansatz zu wiederholen. Es ist eher hinderlich, das große Ganze (in diesem Fall die perfekte Hinterhand-Wendung) vor sich zu sehen und darüber frustriert zu sein, dass der perfekte Ablauf noch nicht abrufbar ist. Sich den Fortschritten im Training gewahr zu werden, löst bei einem selbst eine motivierte Haltung aus und lässt einen mit einer positiven Erwartung an die Trainingseinheiten herangehen.

FALSCHE VORSTELLUNGEN LOSLASSEN

Manchmal muss man, um eine Verhaltensänderung bei sich selbst und damit auch beim Pferd zu erreichen, Vorstellungen loslassen. Nicht jedes Pferd ist dafür geeignet, für das man es angeschafft hat. Aus dem Araber wird kein Reining-Pferd und aus dem Tinker kein Grand Prix-Pferd. Jedes Pferd besitzt seine Talente und ein Exterieur, das für bestimmte Zwecke gezüchtet wurde. Dies sollte man unbedingt beachten, wenn man nach einem Pferd für sich sucht. Es wäre dem Tier gegenüber unfair, ihm etwas abzuverlangen, was es von seinen Eigenschaften her nur schwer oder gar nicht umsetzen kann. Der erste Schritt muss sein, das Pferd, das man nun schon einmal hat, so zu akzeptieren, wie es ist, und seine positiven Eigenschaften zu fördern. Es bringt bestimmte Charaktereigenschaften, ein individuelles Lernvermögen und bestimmte körperliche Voraussetzungen mit. Bei Hunden ist man da schon weiter. Den meisten Menschen, die sich einen Hund anschaffen, ist klar, dass der Jagdhund einen Jagdtrieb hat und eher jagdlich gefördert werden will, als der Schäferhund, der einen starken Hüteinstinkt hat. So ist in der Pferdewelt der Vollblutaraber durch sein Exterieur und seine muskulären Eigenschaften dafür gemacht, lange Distanzen gut zu meistern, das Pendant in der Menschenwelt wäre der Marathonläufer. Das Quarter Horse als Kurzstrecken-Rennpferd ist aufgrund seiner Muskulatur und seines Körperbaus dazu in der Lage, kurze Distanz schnell und »explosiv« zu bewältigen, das menschliche Pendant wäre hier der Sprinter oder Bodybuilder. So muss man sich im Klaren sein, welche Pferderasse mit ihren grundlegenden Eigenschaften zu den eigenen Vorstellungen passt.

ÄNGSTE ÜBERWINDEN

In meiner praktischen Arbeit sehe ich, wie viele Menschen sich mit unterschwelligen oder offensichtlichen Ängsten plagen. Das Hobby Pferd und Aktivitäten mit ihm gemeinsam auszuüben, wird im schlimmsten Falle zur Qual. Maik von Fintel, ein Angsttherapeut, mit dem ich zusammenarbeite, weist immer wieder darauf hin: Man sollte nicht darauf warten, dass sich Ängste von alleine lösen. Im Gegenteil, wenn man nicht etwas unternimmt, können sie sich weiter ausbreiten. So ist es anfangs z.B. der Galopp, bei dem man sich nicht mehr wohlfühlt, irgendwann jede schnellere Gangart und vielleicht irgendwann sogar das Reiten selbst, das man immer mehr meidet.

Wir können nicht nur beim Pferd, sondern auch bei uns selbst die Psychologie und das Lernverhalten nutzen, um Ängste abzubauen. Es ist eine Tatsache, dass wenn man entspannt ist, man nicht zur gleichen Zeit Angst empfinden kann. Diese sogenannte reziproke Hemmung wurde von dem Psychologen Wolpe (1954) beschrieben.

Angst ist verlernbar! Durch klassische Konditionierung (siehe S. 64) ist eine Reiz-Reaktionskette entstanden, die bei ähnlicher Situation – durch einen Schlüsselreiz automatisiert – eine bestimmte Emotion hervorruft, in diesem Fall: Angst. Man reitet mit seinem Pferd durch die Halle und plötzlich knackst es im Gebälk. Da die Verknüpfung besteht – auf ein plötzliches Geräusch erschrickt das Pferd und man fällt herunter – gerät man sofort wieder in den emotionalen Angstzustand. Was durch die körperliche Anspannung natürlich auch dazu führen kann, dass das Pferd tatsächlich in Alarmbereitschaft gerät und fluchtbereit ist.

Meistens ist in der Situation selbst nicht viel zu lösen und zu ändern. Aber man kann mit der Vorerwartung und mit der Situation im Vorfeld arbeiten, die negative Emotion von diesen Schlüsselreizen lösen und mit neuen positiven oder neutralen Emotionen re-konditionieren. Wir können also Tiefenentspannung trainieren und konditionieren – also in Zusammenhang bringen mit bestimmten Situationen, Ereignissen oder Objekten, die zuvor Furcht ausgelöst haben.

Dies geht am besten mit Mentaltrainern oder Psychologen zusammen, die auf die individuellen Ängste und auch deren Ursachen eingehen können. Aus den Erfahrungen, die ich mit ängstlichen Reitern gemacht habe, gibt es meist »Nebenschauplätze«, aus denen die Angst herrührt. »Drucksituationen«, die im Privatleben oder im Beruf herrschen, können

REZIPROKE HEMMUNG

Dieses Phänomen beschreibt einen Zustand, bei dem zwei gegensätzliche Verhaltensweisen nicht gleichzeitig ablaufen können. Dies passiert beispielsweise auch beim Anspannen und Dehnen eines Muskels, beides geht nicht zur selben Zeit. Genauso verhält es sich bei Emotionen: Angst, negative Emotionen, die mit körperlicher Anspannung einhergehen, können nicht gleichzeig ablaufen mit positiven Emotionen, die zusammen mit einer Entspannung einhergehen.

dazu führen, dass die Ängste auf das Verhalten des Pferdes oder das Pferd selbst projiziert werden. Natürlich gilt es dann, die Ursachen der Ängste zu finden und mit einem Fachmann zusammen zu lösen.

WIE HARMONIE ENTSTEHT

Der Psychologe Mihaly Csikszentmihalyi beschreibt diesen Moment als »Flow«. »Ein Zustand, in dem Aufmerksamkeit, Motivation und die Umgebung in einer Art produktiven Harmonie zusammentreffen. Der Wille ist auf eine gelassene Art und Weise zentriert und konzentriert.« (Hoffmann 2015).

Harmonie kommt in verschiedenen Bereichen der Natur- und Geisteswissenschaften vor, der Physik (Bewegungslehre) der Chemie (Balance von Stoffen), Biologie (Homöostase), der Kunst (Ästhetik), Musik (Klänge), Gesellschaft (Moral und Gerechtigkeit) und der Psychologie (Kommunikation). Tatsächlich strebt der Mensch neben anderen Grundbedürfnissen, die er hat - wie Bewegungsdrang, Neugier, Wissbegierde, Familie, Ordnung, Kontakt und Leistung -, nach Harmonie in seinem Leben (McDougall 2001). Die Harmonie ist also keinesfalls ein Begriff, der fernöstlichen Charakter hat, sondern bedeutet im Klartext das »In-Einklang-Bringen« von aufeinandertreffenden Faktoren. In unserem Falle die gute Verständigung von zwei Arten, die sowohl durch Gegensätzlichkeit als auch durch Gemeinsamkeiten geprägt ist.

Wenn wir einen zusammenfassenden Blick auf die vorangegangenen Kapitel werfen, geht es darum, mit Verstand und Gefühl eine feine, klare und sinnvolle Kommunikation zu schaffen. Harmonisch ist es dann, wenn die Bedürfnisse beider Kommunikationspartner erkannt und in einer gemeinsamen Schnittmenge erfüllt werden. Diese Bedürfnisse wären auf beiden Seiten: Entspannung, Freude, Motivation und Verständnis für die Dinge, die man gemeinsam tut, und dadurch einen tieferen Sinn in der Begegnung zwischen Mensch und Pferd zu sehen. Die Verantwortung, dass diese Harmonie entstehen kann, liegt dabei ganz klar beim Menschen. Er ist zum einen die höher entwickelte Spezies, die sich aufgrund von Wissen über Veränderungen und Verbesserung der Lage Gedanken machen kann. Zum anderen hat er sich das Tier aus gewissem Eigennutz heraus angeschafft und steht dadurch in der Pflicht und der Verantwortung, sich bestmöglich um dieses Wesen zu kümmern.

HARMONIE

Harmonie wird auch gleichgesetzt mit den Begriffen Einklang, Ebenmaß und Übereinstimmung. Von der Wortherkunft beschreibt der Begriff die Vereinigung von Gegengesetztem zu einem Ganzen (Heraklit, Philosoph). In Bezug auf die Kommunikation meint Harmonie den Gleichklang der Gedanken und Gefühle.

PRAKTISCHE BEREICHE der KOMMUNIKATION

TÄGLICHER UMGANG

Eine Kommunikation zwischen Mensch und Pferd findet statt, sobald die Signale des anderen wahrnehmbar werden. Für das Pferd kann dies schon das Motorengeräusch des Besitzerautos sein. Spätestens wenn das Pferd seinen Menschen hört, Geräusche mit ihm assoziiert oder ihn dann auch sieht, werden Informationen ausgetauscht. Das geschieht oft unbewusst. Die Signale, die der Mensch gibt, wenn er das Pferd holen möchte, ob aus der Box oder von der Weide, geben oft schon Aufschluss darüber, wie sie beim Pferd ankommen. Dreht es sich in der Box weg oder läuft es auf der Weide in die andere Richtung? Oft entscheidet das Auftreten des Menschen über die Reaktion des Pferdes. Steht der Mensch unter einer hohen Anspannung, kommt stressbeladen von der Arbeit und will »mal eben schnell« das Pferd holen, ist er meist enttäuscht oder sogar frustriert von der Reaktion des Pferdes.

Die Kommunikation findet in dem Moment statt, in dem das Pferd den Menschen wahrnehmen kann. Kommt man schon mit hoher Körperspannung auf die Weide, merkt dies das Pferd.

Das Beispiel im Kasten auf dieser Seite hat wahrscheinlich schon jeder einmal in dieser oder einer abgewandelten Form mit seinem Pferd erlebt. Wenn wir selbst hektisch und stark angespannt sind, uns quasi »auf der Flucht befinden«, und in diesem Zustand auf unser Pferd treffen, ist das einzig logische Verhalten des Pferdes, auf die hohe Spannung und den körperlichen Druck des Menschen mit Skepsis und Flucht zu reagieren.

»GERADE JETZT, WO ICH ES EILIG HABE, LÄUFT ER IMMER WEG!«

Es war ein regnerischer und ungemütlicher Herbsttag. Eine Schülerin kam völlig abgehetzt zum Unterricht. Pferd und Mensch waren durchnässt und genervt. Die Reiterin kam schon zu spät von der Arbeit weg und wollte bei dem Wetter nur schnell ihr Pferd von der Weide holen, um dann mit ihm zum Training zu fahren. Ausgerechnet bei dem Regen und der knappen Zeit fiel dem Pferd nichts anderes ein, als ständig vor ihr wegzulaufen. »Das macht er doch sonst nicht!« Je später es wurde, mittlerweile Reiterin und Pferd völlig durchnässt, desto weniger funktionierte es. Schließlich eingefangen, konnte sich meine Schülerin selbst nach Fahrt und Ausladen des Pferdes kaum noch beruhigen, war sauer und frustriert und hatte nicht viel Verständnis für das Verhalten des Pferdes. Nach einigen Minuten Zur-Ruhe-Kommen, Erklärungen meinerseits und einigen entspannenden Grundübungen konnten wir das Training beginnen.

Wir haben nun viel über die Wahrnehmung, das Lernverhalten des Pferdes und unser eigenes Verhalten gehört. Im täglichen Umgang mit dem Pferd kann man seine eigene Achtsamkeit auf sich und das Pferdeverhalten schulen. Man kann in jeder Situation mit dem Pferd üben, sich in seine Lage, seine Wahrnehmung und Gedankenwelt hineinzuversetzen und damit die täglichen Dinge, die man mit dem Pferd macht, als gutes Beziehungstraining zu sehen. Wenn man das Pferd nun abgeholt hat und beispielsweise von der Weide zum Putzplatz führt, kann man seine »Tagesform« bereits gut abschätzen. Will es eigentlich zurück zu den Artgenossen, steht es unter Spannung, ist es unaufmerksam? Anstatt es geschehen zu lassen, kann man das Verhalten des Pferdes direkt positiv beeinflussen. Schon beim Führen sollte die Aufmerksamkeit des Pferdes auf den Menschen gerichtet sein. Dies blendet nicht nur Ablenkungsreize aus (siehe Abb. 14, S. 82), sondern sichert im besten Falle schon den Leadership-Gedanken: »Sobald die Herde mir nicht mehr Schutz gewährt, tut dies der Mensch!« Beispiele für Aufmerksamkeitsübungen sind: das Tempo beim Führen zu variieren oder auch einmal stehen zu bleiben, um die Führdistanz und die -position des Pferdes sicherzustellen. Ist das Pferd dennoch zu sehr abgelenkt, helfen weichende Übungen (siehe S. 131ff). Wichtig ist hier immer der sofortige Drucknachlass des Signals, sobald die Aufmerksamkeit beim Menschen ist und das Pferd gut reagiert. Man geht dann seinen Weg entspannt weiter, achtet aber weiterhin darauf, ob das Pferd ebenfalls entspannt ist oder eine Verhaltensänderung eintritt.

4

7

8

5

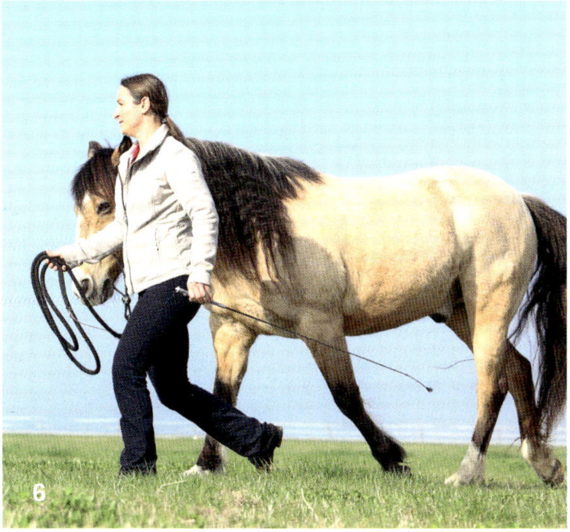

6

- Das Pferd soll sich der Schrittgeschwindigkeit des Menschen anpassen (1, 2). Ein Heben der Gerte und eine leicht erhöhte Grundspannung des Menschen sollen das Pferd zum Beschleunigen animieren.
- Das Pferd spiegelt die muskuläre Spannung des Menschen und sogar die Körperhaltung. Auf dem Bild erkennt man die »Hankenbeugung« des Menschen und des Pferdes beim Anhalten (3, 7).
- Achtet das Pferd nicht auf die Position beim Anhalten (an der Schulter des Menschen), wird es wieder in diese zurückgeschickt (4, 5). Zunächst durch die reine Körpersprache des Menschen. Reichen die Gestik und Mimik nicht aus, um die Reizschwelle zu überschreiten, steigt die Reizintensität. Zur Erhöhung der Signalintensität kann die Gerte wie eine Schranke als Abstandhalter auf die Brust des Pferdes tippen.
- Bei diesen kurzen Sequenzabfolgen bleibt das Pferd aufmerksam auf den Menschen. Nach einer besonders guten Reaktion wird es mit Pause und einem verbalen Lob belohnt (8).

Das Scharren am Anbinder ist häufig ein Aufmerksamkeit forderndes Verhalten des Pferdes. Dies wird oft ungewollt belohnt.

Angekommen am Putzplatz

Der Putzplatz sollte einen Wohlfühlbereich für das Pferd darstellen. Das Putzen fördert den Sozialkontakt mit dem Pferd. Die Muskulatur des Tiers soll sich dabei entspannen und die Durchblutung angeregt werden. Dennoch sollte man darauf achten, dass das Pferd nicht stundenlang angebunden am Putzplatz stehen muss. Aus Langeweile oder Ungeduld entstehen häufig unerwünschte Verhaltensweisen wie Unruhe, das Scharren mit dem Huf oder gar das Ablecken von Wänden. Wenn ein Jungpferd noch eher unruhig am Anbinder steht, erhöht man ganz langsam die Zeitspanne, in der es sich gedulden muss. Es ist wichtig, ein Pferd, das nicht gerne angebunden steht, in einem möglichst ruhigen Moment vom Anbinder zu befreien und wegzuführen. Sonst kann schnell die Unruhe fehlkonditioniert werden, und das Pferd speichert dieses Verhalten als Lösung ab, um von dem ungeliebten Platz wegzukommen.

Am Putzplatz manifestieren sich häufig auch andere unerwünschte Verhaltensweisen, die vom Menschen unbewusst verstärkt werden. Beispielsweise sollte nicht am Anbindeplatz gefüttert werden. Das Pferd befindet sich sonst in einer Futtererwartung, die Stress auslösen kann. Das Pferd wird in dieser Erwartungshaltung Verhaltensweisen ausprobieren, die zum gewünschten Ergebnis (der Futtergabe) führen. Wenn der Besitzer sich durch unruhiges Verhalten oder gar Scharren dazu verleiten lässt, sich mit der Futtergabe zu beeilen, wird das Pferd genau diese Verhaltensweise als zielführend abspeichern. Selbst wenn das Scharren am Anbinder allein durch die Aufmerksamkeit des Menschen belohnt wird, kann dies zu einem manifestierten Verhalten führen (siehe »Erlerntes unerwünschtes Verhalten«, S. 155).

BODENARBEIT

Bei der Bodenarbeit werden grundlegende Beziehungsregeln gesetzt. Was vom Boden er- und geklärt wurde, lässt sich hervorragend auf die Arbeit vom Sattel aus übertragen. Das wichtigste Grundprinzip, das ein Pferd bei der Bodenarbeit für die Kommunikation mit dem Menschen lernt, ist, dass die Signale des Menschen eine Bedeutung haben. Das Pferd lernt, dass es, wenn es vom Druck des Menschen weicht und nicht in diesen hineingeht, belohnt wird. Dieser Druck fängt dabei schon mit dem Blick und der Körperausrichtung an, wird dann gesteigert durch die Veränderung der Mimik und der Gestik und schließlich dem Erhöhen der Körperspannung bis hin zur Berührung (siehe Abb. 15, S. 93). Wenn eine Berührung notwendig ist, steigert sich diese ebenfalls dynamisch.

Der Blick auf die Hinterhand reicht, um diese zu bewegen. Das Pferd zeigt hohe Aufmerksamkeit auf die Mimik und Gestik des Menschen. Zur Belohnung wird die Körperspannung nach einer guten Reaktionsbereitschaft des Pferdes sofort runtergefahren (»On-Off«-Prinzip). Das Pferd bleibt weiterhin aufmerksam und motiviert.

Übungen

Die richtige Position beim Führen

Beim Führen sollte das Pferd die Schulterlinie des Menschen nicht überschreiten. Um das Pferd immer stärker in dieser Position zu festigen, wird in kurzen Sequenzen gearbeitet. Diese kurz aufeinander folgenden Reizveränderungen halten das Pferd aufmerksam und lassen Umweltreize in den Hintergrund treten.

Eckenlaufen

Man läuft mit dem Pferd in einem Zick-Zack durch die Halle. Wenn man das Gefühl hat, die Aufmerksamkeit ist nicht ganz beim Menschen, folgt die nächste Ecke.

Dabei stärken Richtungswechsel vom Pferd weg die Verbindung zum Menschen (wenn man auf der linken Seite führt: nach links), die Richtungswechsel auf das Pferd zu stärken das Einhalten des Individualbereiches des Menschen.

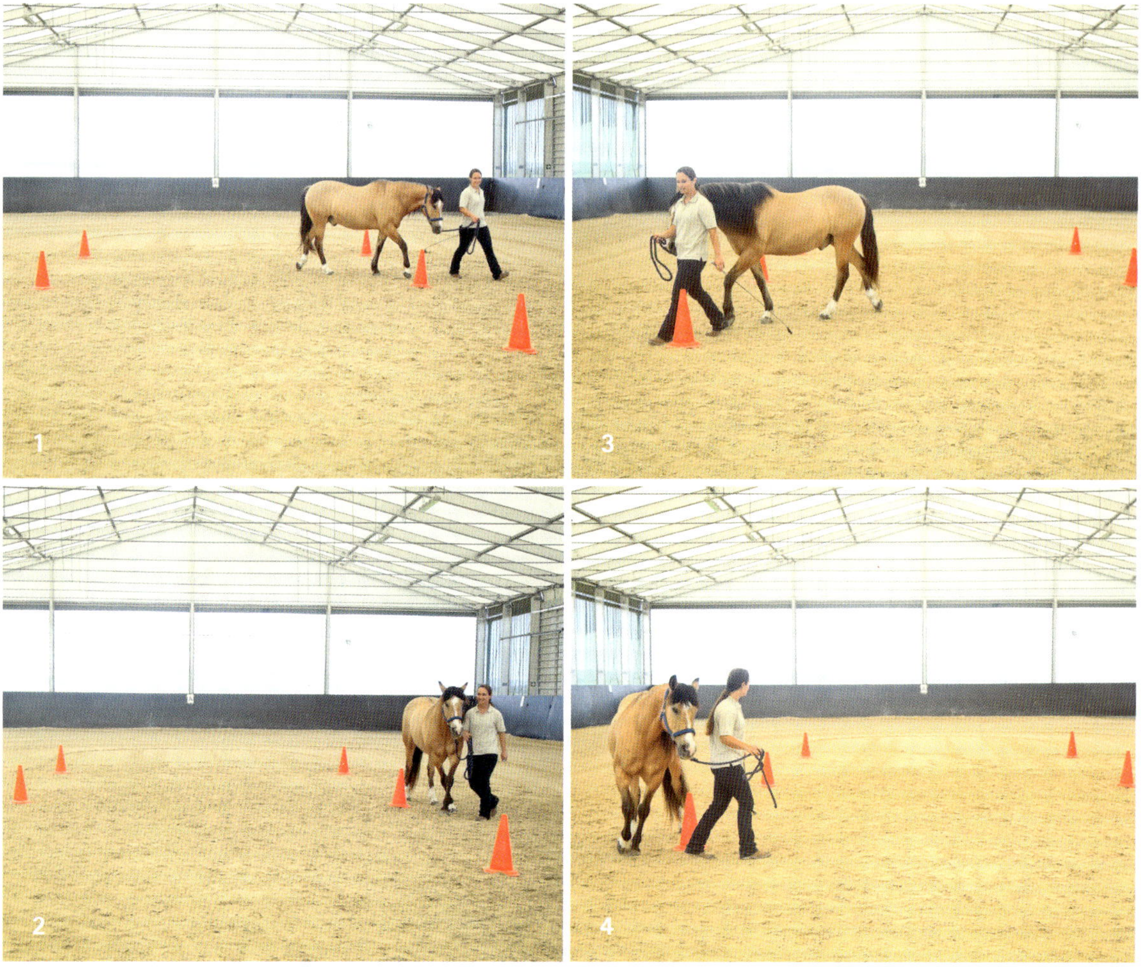

Zügiges Zick-Zack-Laufen zwischen Pylonen erhöht die Aufmerksamkeit aufeinander und festigt die richtige Führposition von Mensch und Pferd.

Vorhandwendung

Die Position ist schräg vor dem Pferd mit Blickrichtung zum Pferd. Man denkt sich einen Halbkreis auf die Hinterhand des Pferdes zu. Zu beachten sind dabei die Signalstufen: Blick-Fokus-Grundspannung erhöhen – auf das Pferd zugehen – Berührung. Bewegt sich das Pferd vom Reiz weg, lassen sofort das Signal und auch die Körperspannung nach (»On-Off«-Prinzip). Wichtig ist es, jedes Mal die Reaktionsschwelle zu überschreiten, sonst würde das Pferd auf den wiederkehrenden Reiz habituieren.

3

1

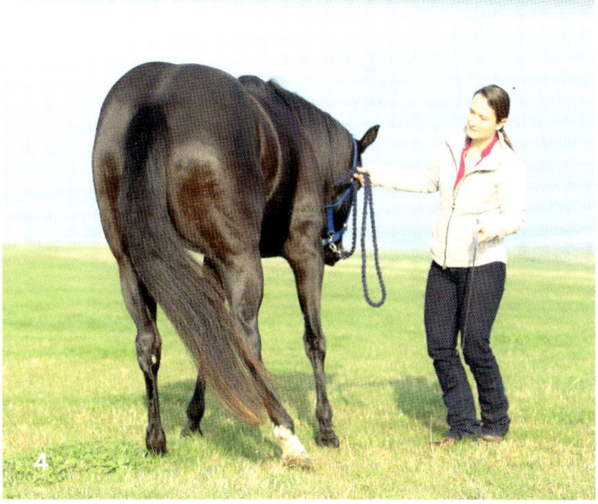
4

2

5

Hinterhandwendung

Die Position ist wie bei der Vorhandwendung schräg vor dem Pferd, die Blickrichtung zum Pferd. Der Mensch läuft einen Halbkreis vor dem Pferd entlang. Durch seinen Fokus über Blick, Körperposition und -ausrichtung lässt er die Schulter des Pferdes von sich wegbewegen.

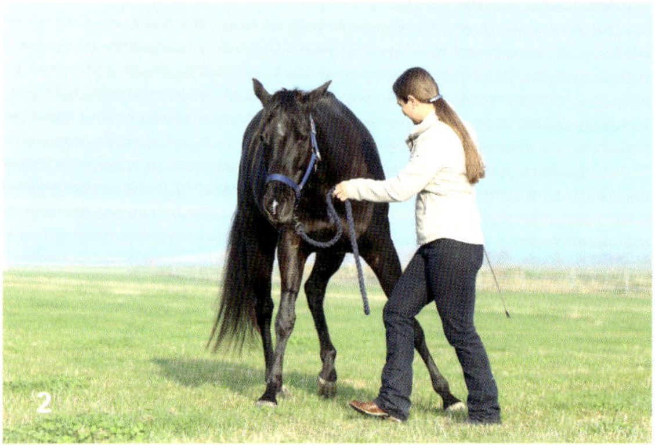

Erhöht der Mensch die Grundspannung, kommt mehr Bewegungsdynamik in die Reaktion des Pferdes (1, 2). Als Belohnung lässt der Druck auf die Schulter nach und der Mensch bewegt sich rückwärts, das Pferd wird mit Entspannung und Pause belohnt (3).

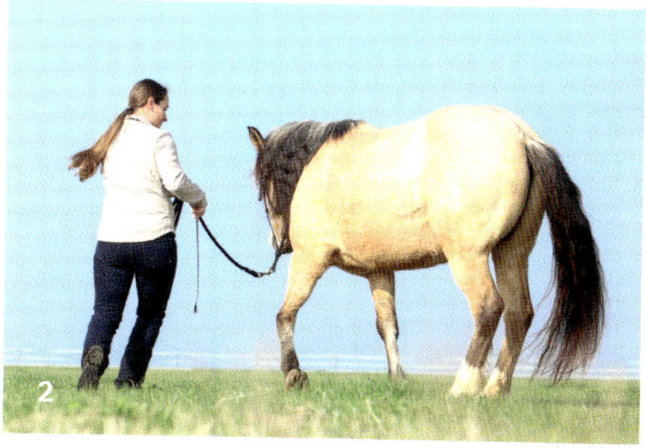

Seitwärts

Beim Seitwärts geht der Mensch in einer gedachten Linie schräg vor dem Pferd entlang. Damit grenzt er die Vorwärtsbewegung des Pferdes ein.
Dadurch wird die Energie, die auf das Pferd durch das körperliche Signal wirkt, nicht in ein Vorwärts, sondern in ein Seitwärts umgeleitet.

Korrektur der Schulterbewegung: Wenn das Pferd die Bewegung in zu viel Vorwärts umsetzt und mit den Beinen nicht mehr kreuzt, kann über die Gerte wie eine Schranke eingewirkt werden. Die Schulterbewegung wird somit verlangsamt, so dass die Hinterhand wieder gut unter den Schwerpunkt treten kann. Sobald das richtige Verhalten gezeigt wird, wird die Gerte sofort runtergenommen und das gute Seitwärts mit den feinsten Hilfen (Blick und Körperausrichtung) beendet.

Seitwärts-Korrektur der Hinterhand: Durch ein vermehrtes Einwirken auf die Hinterhand über Blick auf die Hinterhand und Heben der Gerte in diese Richtung, kann diese vermehrt zum Untertreten animiert werden. Man sieht gut, wie der Reiz sich über die Gertenbewegung steigert (Bild 1) und im Augenblick der Reaktion wieder weggenommen wird (Bild 2). Das Pferd tritt wieder aktiv unter (Bild 3).

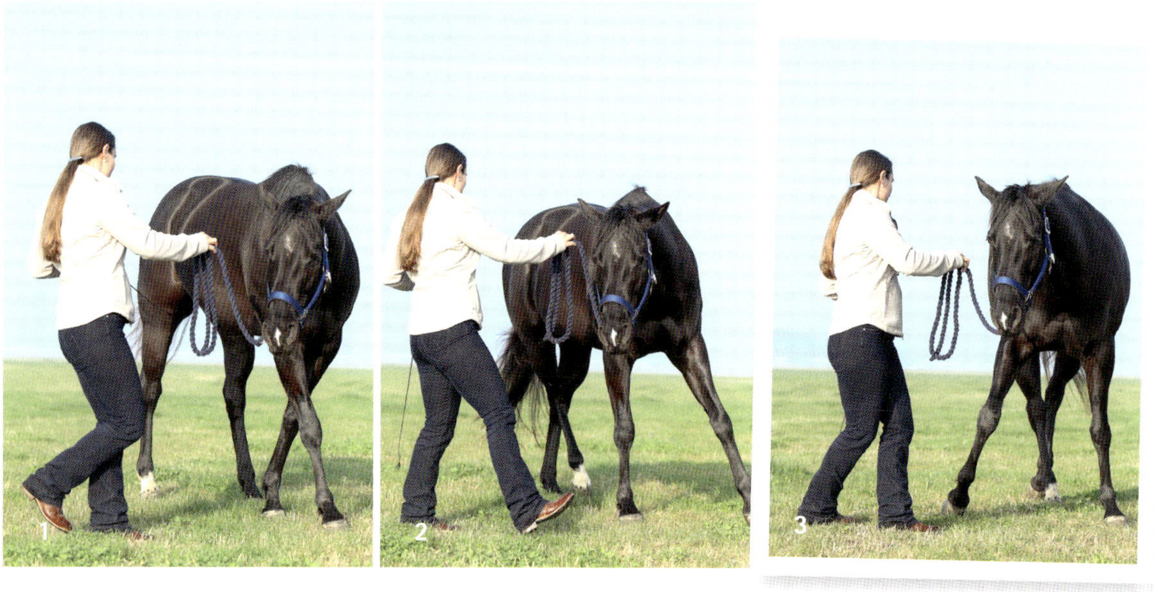

Übungen mit Hindernissen

Wenn »Medien« eingesetzt werden, steigert das die Aufmerksamkeit von Mensch und Pferd auf die Übung. Dies können im klassischen Fall in der Reitbahn Stangen oder Pylonen sein, aber auch Planen, Teppiche, Bälle oder Naturhindernisse im Gelände. Wenn die weichenden Übungen wie die Hinterhandwendung, die Vorhandwendung, das Seitwärtstreten und das Rückwärts gut funktionieren, kann man diese in Hindernisse einbauen. Ein wichtiger Grundsatz ist, wenn man mit Hindernissen arbeitet: im Hindernis herrscht keine Anspannung. Wenn etwas noch nicht funktioniert, z.B. das Weichen der Hinterhand, dann wird dies außerhalb des Hindernisses geübt und dann wieder in dieses übertragen. Das Pferd soll die Arbeit zwischen Stangen und Pylonen nicht mit Stress oder Hektik verbinden. Ich sehe oft, dass hier der zweite vor dem ersten Schritt getan wird und das Pferd dadurch schnell überfordert ist. Manche Pferde haben Angst, auf die Stangen zu treten oder diese zu berühren, besonders, wenn sonst eher mit ihnen darüber gesprungen wird. Hier muss man besonders geduldig sein und das Pferd zwischen und über den Stangen immer wieder pausieren lassen. So werden diese Übungen mit Ruhe und Entspannung verbunden.

Stangengasse

Legt man zwei Stangen parallel mit einem Abstand von ca. 1 m nebeneinander, kann man schon einige Übungen daran umsetzen.

Beim Rückwärtsgehen durch eine Stangengasse wird die Koordination von Mensch und Pferd geschult. Das Rückwärts sollte hier schon außerhalb des Hindernisses gut funktionieren.

Beim Rückwärtsgehen durch die Stangengasse steht man vor dem Pferd, um mögliches Ausbrechen der Hinterhand zu korrigieren. Hier kann der Blick bereits einrahmend wirken.

Bevor man das Seitwärts über einer Stange übt, lässt man das Pferd zunächst vor der Stange entlang seitwärtsgehen (1). Damit bekommt das Pferd schon eine Idee von der Übung. Anschließend gewöhnt man das Pferd daran, ruhig über der Stange zu stehen (2). Dann folgt das Seitwärtsgehen über der Stange (3).

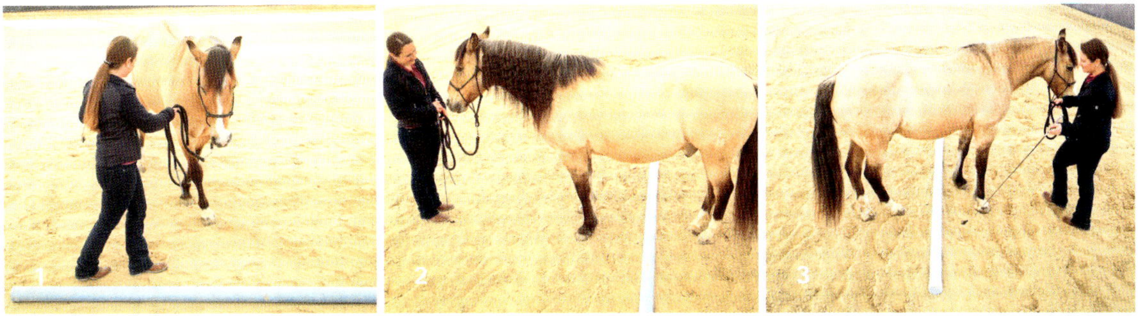

Das Seitwärtsgehen über der Stange hat noch so viel Vorwärtsimpuls, dass das Pferd vorneherum kreuzt. Die Stange ist mittig unter dem Bauch des Pferdes und der Mensch schräg vor ihm in seiner Führposition.

Wichtig bei den Übungen ist, das Pferd jederzeit anhalten zu können. Das Pferd soll nicht die Hindernisse »auswendig lernen« und die Übungen vorwegnehmen. Das würde die Aufmerksamkeit auf unsere Signale abschwächen. Es ist sinnvoll, auch einmal nur ein oder zwei Schritte in die eine Richtung zu verlangen, dann ein ruhiges Stehenbleiben einzubauen und ggf. die Seite zu wechseln oder die Übung zu beenden.

Rückwärts um Pylonen

Das Rückwärtsgehen kann durch diese Übung noch weiter präzisiert werden. Das steigert die Koordination des Pferdes und verbessert das Timing der Signalgebung.

Ein Rückwärtshindernis um Pylonen schult sowohl Mensch als auch Pferd in Aufmerksamkeit und Koordination.

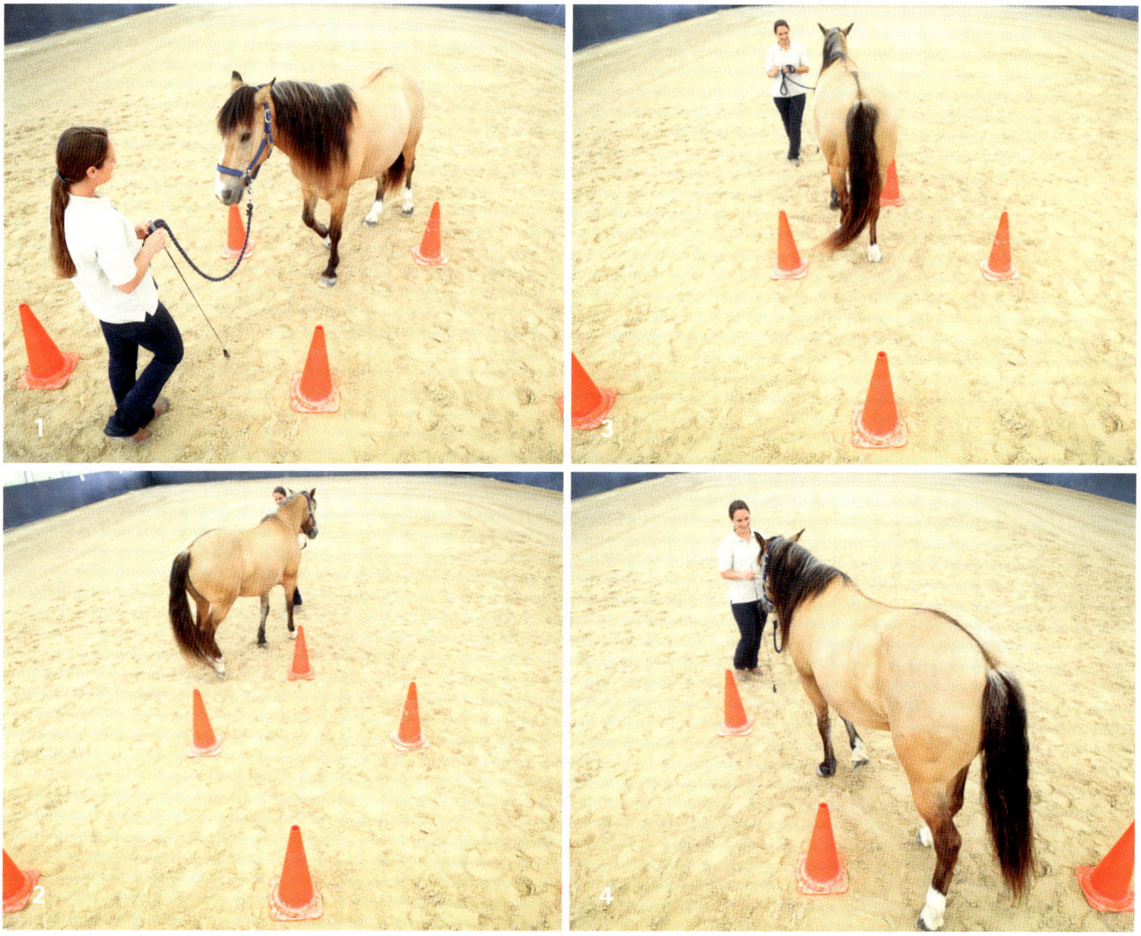

Die Führposition für die Arbeit am langen Seil

Bevor man das Pferd direkt an einer 8-Meter-Longe hinauslässt, sollte man auf eine geringere Distanz präzise mit ihm kommunizieren können. Zunächst fängt man an mit ca. 1,5 m Abstand. Die Hand, in der der Strick gehalten wird, ist richtungsweisend und gibt die Begrenzung fürs Vorwärts. Die Gerte rahmt das Pferd von hinten ein und dient auch bei den Übungen am langen Seil als verlängerter Finger. Aus der geringen Distanz lässt man das Pferd geradeaus beispielsweise durch Gassen gehen und mal eine Kurve um sich herum beschreiben. Durch diesen Wechsel bleibt das Pferd aufmerksam. Aus dieser Führposition sollte man sowohl Einfluss auf die Schulter, auf das Seitwärtsgehen und auch auf die Hinterhand haben.

Die Distanz wird nach und nach gesteigert, so dass der Einfluss auf Schulter, Rumpf und Hinterhand des Pferdes auch auf Entfernung bestehen bleibt. Hindernisse wie Gassen und das Überqueren von Stangen können weiter zur Konzentration und zur Koordination des Pferdes in die Arbeit integriert werden.

Stangen L

Baut man sich vier Stangen in einer L-Form auf, hat man viele Möglichkeiten, Übungen zu kombinieren. Angefangen damit, dass man das »L« rückwärts durchquert. Von der Stangengasse kennt das Pferd schon, dass es beim Rückwärtsgehen links und rechts eine Begrenzung hat. Steht die Hinterhand des Pferdes in der neuen Gassenöffnung, lässt man die Hinterhand ein bis zwei Schritte in die neue Richtung weichen. Danach folgt ein Übertreten der Vorhand, bis das Pferd gerade in der zweiten Gasse steht und rückwärts ausparken kann. Auch hier ist es sehr wichtig, das Pferd ganz in

Die Führposition in der Leitseilarbeit: Das Pferd wird durch den Menschen vorne und hinten eingerahmt. Indem man mal durch die Stangengasse, mal über die Stangen longiert, bleibt das Pferd aufmerksam auf die Position des Menschen. Dies kann je nach Übungsgrad in allen Gangarten erfolgen.

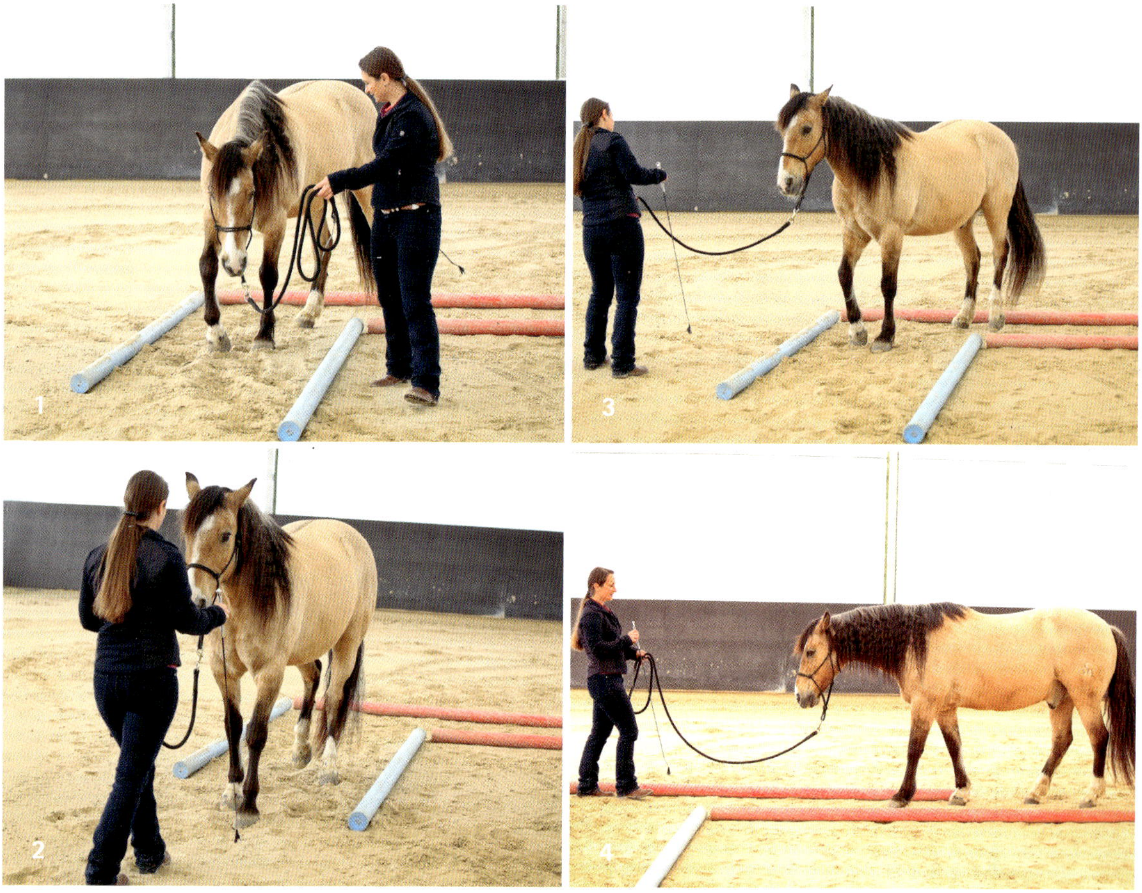

Zunächst wird das Pferd vorwärts in das Stangen-L geführt. Das Rückwärts und die Wendung erfolgen durch Köperausrichtung und Blick auf das Pferd. Bei schwierigerem Übungsgrad kann das Pferd auch in das Rückwärts-L »eingeparkt« werden.

Ruhe – Schritt für Schritt – das Hindernis bewältigen zu lassen. Besonders im Rückwärts werden manche Pferde hektisch. Am Anfang legt man deswegen die Gassen beim Rückwärts weit auseinander.

Arbeit auf Distanz

Alle Übungen sollen nach und nach immer mehr auf Distanz zum Pferd funktionieren. Damit übt sich der Mensch darin, die Einrahmung immer mehr über seine Körperposition und seine -ausrichtung zu beeinflussen und seine Signale immer präziser werden zu lassen.

Die Arbeit auf Distanz erfordert eine feine und präzise Signalgebung. Die Distanzarbeit ist die Vorstufe zum freien Arbeiten mit dem Pferd.

DIE KOMMUNIKATION IN DER FREIARBEIT

Roundpen

Den Roundpen kann man hervorragend nutzen, um die ersten wichtigen Grundlagen der Beziehung und der Kommunikation zwischen Pferd und Mensch zu schaffen. Hier zeigt sich, ob wir unser Körpergefühl so einsetzen können, dass das Pferd sich sowohl von uns lenken lässt als auch uns sein Vertrauen schenkt. Bei der Freiarbeit im Roundpen reagiert das Pferd spontan und natürlich auf die Signale des Menschen. Dies kann aber auch bedeuten, dass der Mensch durch seine Ausstrahlung, die zu passiv oder wenig eindeutig ist, dem Pferd Raum überlässt oder zurückweicht, wenn dieses ihm droht. Da es hier natürlich auch zu gefährlichen Situationen kommen kann, sollte die Arbeit im Roundpen mit einem »schwierigen« Pferd oder etwa einem Hengst dem Profi überlassen werden oder nur unter Anleitung geschehen. Bei dieser Arbeit können sich genauso positive wie negative Aspekte verfestigen. Das Pferd kann sehr schnell lernen, dass es zunächst durch leichtes Zukommen auf den

Das Pferd spiegelt Anspannung (Bild 1) und Entspannung des Menschen (Bild 2). Man sollte lernen, die Signalstärke durch seine eigene Körpersprache gezielt und sinnvoll einzusetzen und die Körperspannung nach dem »On-Off-Prinzip« an- und abschalten zu können.

1

2

Nimmt der Mensch eine passive Körperhaltung ein, gibt er Raum nach innen frei. Das Pferd bewegt sich auf ihn zu und entspannt sich (Bilder 3 und 4).

3

4

Menschen, diesen zum Weichen veranlassen kann. Dies kann weiter zu einem klaren Platzverweis über Beiß- oder Schlagdrohen führen und ein Verhalten beim Pferd manifestieren, welches weitere Probleme schaffen wird. Aus diesem Grund ist es bei dieser Art, mit dem Pferd zu arbeiten, besonders wichtig, es sehr genau zu beobachten und seine eigene Körpersprache gut kontrollieren zu können.

Freiarbeit

Funktioniert die Distanzarbeit am Strick gut, kann man nach und nach in die gezielte Freiarbeit einsteigen. (Die grundlegenden Übungen werden zunächst mit Strick um den Hals geübt.) Bei der Arbeit ohne Strick hat man selbst die Möglichkeit, noch mehr an seiner Köperhaltung und den feinen körperlichen Gesten zu arbeiten. Man beginnt die Freiarbeit am besten in einem Roundpen. Wenn der Kontakt zum Pferd hier einmal abreißt, kann man das Pferd wieder kurz darauf zu sich holen. Wichtig ist, dass das Pferd die Position an der Seite des Menschen als Wohlfühlposition gerne einnimmt. Dies sollte in der Bodenarbeit am Strick schon gut geübt sein. Geschickt ist es, mit zwei Gerten zu arbeiten. Dadurch hat man eine äußere Begrenzung für die Schulter des Pferdes. Weicht das Pferd aus seiner optimalen Position auf Schulterlinie des Menschen, holt man es über die Schulterbewegung wieder in diese Position zurück. Dies ist ein konditionierter Reiz, der immer mehr verfeinert wird. Letztlich reicht ein leichtes Anheben der äußeren Gerte, um das Pferd zu sich heranzuziehen. Alle grundlegenden Übungen, wie das Weichen von Vor- und Hinterhand sowie das Seitwärtsgehen, lassen sich auch frei abrufen, wenn das Pferd die Technik der eigenen Bewegung und das Signal des Menschen dafür gelernt hat.

Das »freie Folgen« entwickelt sich aus der Leitseilarbeit und der dabei etablierten Führposition des Pferdes.

Das Pferd sollte in der Freiarbeit immer abrufbar sein.

Beim »freien Seitwärts« rahmt nur noch die Körperausrichtung des Menschen das Pferd ein.

Die freie Vorhandwendung erfolgt über Blick und Körperausrichtung. Das Vorwärtsgehen des Pferdes wird durch die Position des Menschen eingerahmt.

Beherrscht das Pferd die Technik der Hinterhandwendung, kann diese auch durch eine erhöhte Körperspannung des Menschen mit höherer Dynamik ausgeführt werden.

»DER IST EINFACH NUR FRECH«

Ich wurde zum Verhaltenstraining zu einem 5-jährigen Dressurnachwuchs gerufen. Das Pferd hatte Probleme, sich überall anfassen zu lassen, dadurch zeigte sich problematisches Verhalten beim Hufschmied und beim Tierarzt. Wenn das Jungpferd zu hoher Anspannung ausgesetzt war, hatte es die Tendenz zu steigen, erst wenig dann immer höher. Im Training zeigte sich, dass es – wie zu erwarten – sehr fein auf die Veränderung der Körpersprache reagierte, und es sich mit entspannter Körperhaltung des Menschen überall berühren ließ. Dazu kam, dass es sehr aufmerksam auf lobende Worte reagierte und sich hervorragend motivieren ließ, still zu stehen, auch ungebunden in der Halle, wenn es gelobt wurde.

Eine Bereiterin, die mit ihren Versuchen bei diesem Pferd gescheitert war, was in einem bockenden Pferd endete, kommentierte das Training mit: »Der ist einfach nur frech!«, da das Pferd nicht ordentlich auf das Reiterbein reagierte. Meine Einschätzung, die sie allerdings nicht akzeptieren wollte, war eine ganz andere. Zunächst einmal ist der Ausdruck »frech« ein menschlicher und impliziert für mich ein vorsätzliches Handeln, um den Menschen zu ärgern. Diese Art von Vorsatz können wir dem Pferd sicher nicht zuschreiben. Es war eher ein unsicheres Pferd, das noch nicht viel Positives mit den menschlichen Handlungen und Berührungen verbunden hat.

Meist sind es die allerfeinsten Pferde, die sich auf Druck hin abschotten, also habituieren, wenn sie die Signale nicht erklärt bekommen. Dies geschieht aus Selbstschutz und führt nach außen hin zu einem »stumpfen« wenig reaktiven Verhalten. Hier sind aber das Timing und der Effekt der Signalgebung des Reiters unzureichend gewesen. Wenn man dieses Verhalten beim Pferd nicht erkennt und den Druck auf einmal zu hoch werden lässt, entlädt sich dieser in einem plötzlichen Verhalten, wie beispielsweise dem Bocken. Der Druck war nicht zielgerichtet und die »richtige« Reaktion wurde zuvor nicht erlernt, somit kann das Pferd hinter diesem Druck keinen Sinn erkennen und will diesen – zu Recht - möglichst bald loswerden. Es ist schade, wenn auch langjährige Erfahrung mit Pferden – 40 Jahre, wie die Bereiterin mir versicherte – keinen intensiveren Blick in die Psyche des Pferdes zulassen.

Hat das Pferd die Koordination der Übungen schon vom Boden gelernt, sind diese auch leicht vom Sattel aus abrufbar.

Beherrschung des eigenen Körpers führt zu einer positiven Kontrollierbarkeit des Pferdekörpers, auch ohne Equipment.

Diese Geschichte soll zeigen, dass Probleme, die beim Reiten entstehen, immer etwas mit dem Gesamtverhalten des Pferdes zu tun haben. Verhaltensweisen, die man vom Boden aus und im alltäglichen Verhalten des Pferdes versteht, machen auch das Verhalten unter dem Sattel einschätzbar. Wenn man dem Pferd durch konsequente, aber feine Kommunikation im Umgang das Prinzip vermittelt hat, dass ein richtungsweisender Druck von uns immer einschätzbar ist und dass sein Nachgeben auf diesen Druck immer mit dessen Nachlass belohnt wird, erfährt es das Grundprinzip von guter Führung und Wichtigkeit der menschlichen Signale. Dadurch bekommt es Vertrauen in die Kompetenz des menschlichen Partners. Auf der anderen Seite zeigt die Einschätzung von »Profis« aus der Pferdewelt immer wieder, wie auch dort eine Vermenschlichung stattfindet, wenn dem Pferd »Vorsatz, Böswilligkeit oder Hinterhältigkeit« zugesprochen werden.

Für die Kommunikation beim Reiten gilt, was das Lernverhalten und den Effekt der Signalgebung angeht, dasselbe, was auch vom Boden aus gilt. Das Pferd sieht den Menschen von oben nur noch zum Teil, aber dafür spürt es die Spannung des menschlichen Körpers. Diese Spannung umschließt ja sozusagen das Pferd und ist aus diesem Grund sehr deutlich für das Pferd wahrnehmbar. Hier mit Drucknachlass über die körperliche Entspannung zu arbeiten, stellt für das Pferd einen höchst belohnenden Effekt dar. Man stelle sich vor, ein Raubtier verbeißt sich auf dem Rücken eines Fluchttieres, die schlimmste Vorstellung für ein Pferd! Den Effekt, den das Klemmen und eine verkrampfte Haltung des menschlichen Körpers auf das Pferd hat, wird bei ängstlichen Reitern am deutlichsten.

Diese kommen in ihrer Angst in eine Embryonalhaltung – Oberkörper verkrampft sich nach vorne und Knie werden hochgezogen. Der Teufelskreis hier ist, dass Pferde auf diese Verkrampfung häufig mit Flucht nach vorne reagieren und der ängstliche Reiter sich dabei immer mehr verkrampft.

Wenn wir An- und Entspannung aber gezielt als Signale einsetzen, dann können wir immer mehr auf die direkte Wirkung über das Equipment, wie Zügel, Sporen oder Gerte, verzichten. Wenn unsere eigene dosierte Körperspannung eine positive Spannung im Pferdekörper auslöst, und wir somit sowohl die Energie für ein Vorwärts (Schubkraft) als auch für die Versammlung (Tragkraft) im Pferd auslösen können, fangen wir an, über den Sitz und mit nach außen hin fast unsichtbaren Signalen zu reiten. Dies hat jede Reitweise zum Ziel. Ein Hineindenken in die Psyche des Pferdes hat somit eine direkte Auswirkung auf das erfolgreiche Reiten und sollte noch mehr von Reitern und Ausbildern beachtet werden.

VERLADEN

Probleme beim Verladen sind ein großes Thema. Jedes Pferd sollte ohne viel Aufwand verladen werden können, damit man jederzeit mobil ist, beispielsweise für einen Transport in die Klinik. Häufig wird die Situation des Verladens von Pferd und Mensch gleichermaßen mit Stress assoziiert und lässt auf beiden Seiten schon in der Vorerwartung auf die negativ geprägte Situation, Nervosität aufkommen. Deswegen sollte man das Verladen trainieren und für das Training genug Zeit einplanen, um auch den eigenen Stress zu minimieren.

Am sichersten ist es, den Hänger fürs Training in die Reithalle oder auf den eingezäunten Reitplatz zu stellen. Dort ist genug Platz, der Boden ist griffig und die Umzäunung schafft Sicherheit.

In der Vorarbeit sind weichende Respektsübungen und vertrauensfördernde Habituations- (Gewöhnungs-) und Folgeübungen gleichermaßen gefragt. Das Pferd sollte den Individualbereich des Menschen akzeptieren, so kann verhindert werden, dass der Mensch in dieser Situation weggedrängt wird. Reaktionsübungen, wie ein Antretenlassen und ein Rückwärtsgehen, sollten an der Hand sitzen.

Wenn die Aufmerksamkeit durch den Abruf dieser grundlegenden Übungen auf den Menschen gerichtet ist, kann sich dem Hänger genähert werden.

Das Prinzip beim richtigen Verladen besteht darin, dass der Mensch jeden Vorwärts- und jeden Rückwärtsschritt außerhalb und innerhalb des Hängers in Ruhe abrufen kann. Man nimmt dafür am besten die »Longierposition« ein. Wenn man von links führt, ist die linke Hand die führende am Strick und die rechte Hand die einrahmende, sie hält die Gerte. Die Annährung an den Anhänger sollte so ablaufen, dass aus dieser Führposition das Vorwärtsgehen, das Anhalten und das Rückwärtsgehen abrufbar gemacht wird. Für einen Vorwärtsschritt tritt man erst selbst an, kurz drauf folgen die führende Hand mit einem eventuellen leichten Impuls am Strick und ebenso das Heben der einrahmenden Gertenhand. Wenn sich das Pferd daraufhin nicht in Gang setzen sollte, wird die Hinterhand des Pferdes erst leicht berührt, dann mit kontinuierlich etwas stärker werdenden Impulsen. Hier ist besonders wichtig, dass die Impulse der treibenden Hand bis über die

Reizschwelle kommen (siehe Abb. 9, S.62), um das Pferd nicht auf die Gerte zu habituieren. Sobald das Pferd einen kleinen Schritt nach vorne macht, hören die Impulse schlagartig auf und der eigene Körper entspannt sich.

Pferde mit Verladeproblemen haben meist eine bestimmte Grenze, bis wohin sie sich überhaupt dem Anhänger nähern, oder stoppen bei einer bestimmten Position – halb auf dem Hänger. Genau diese unsichtbare Grenze gilt es zu überschreiten. Wenn ein Schritt über diese Grenze gemacht worden ist, kann man das Pferd schon wieder in ein paar ruhige Rückwärtsschritte bringen. Dies ist wichtig, um für das Pferd den Druck nie zu hoch werden zu lassen. Des Weiteren zeigt man dem Pferd damit, dass man es nicht in den Hänger hineinzwingen wird, sondern dass es immer wieder die Möglichkeit hat, diesen wieder zu verlassen, allerdings auf Kommando des Menschen.

Das Anhänger-Training findet am besten in einem geschützten, eingezäunten Bereich statt, wie Halle oder Reitplatz. Der weiche Boden verhindert, dass sich das Pferd verletzt. Das Pferd wird durch weichende und folgende Übungen aufmerksam gemacht.

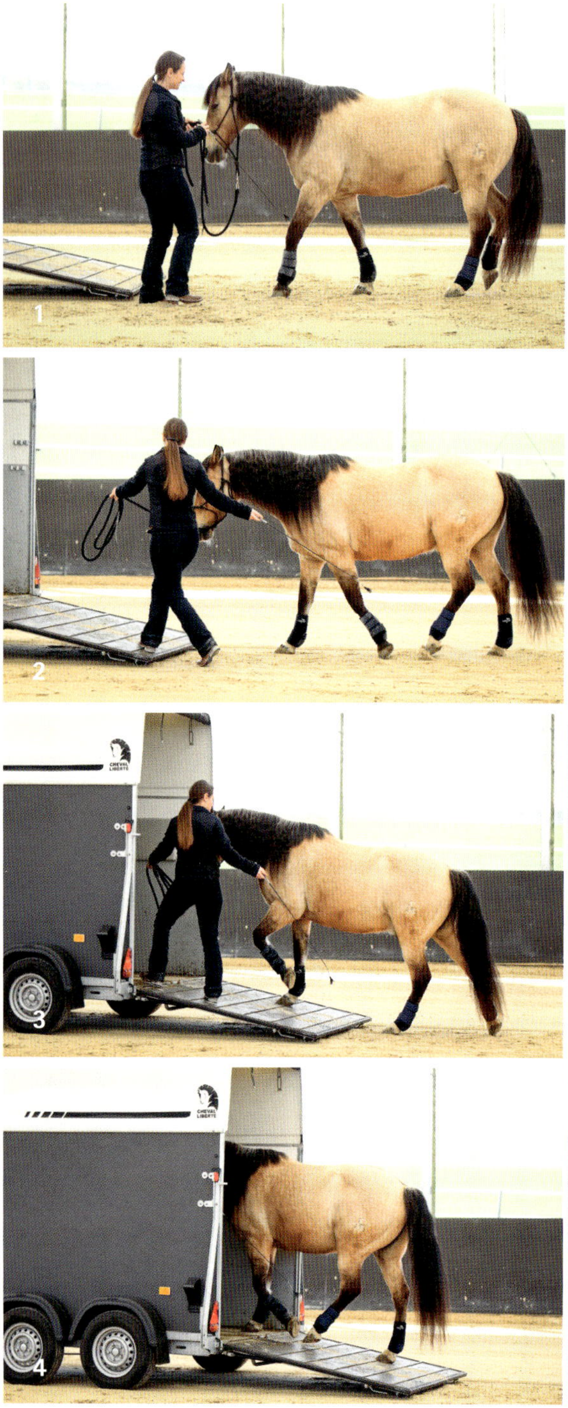

Die linke Hand ist richtungsweisend und hält den Führstrick, die rechte Hand rahmt das Pferd mit der Gerte von hinten ein.

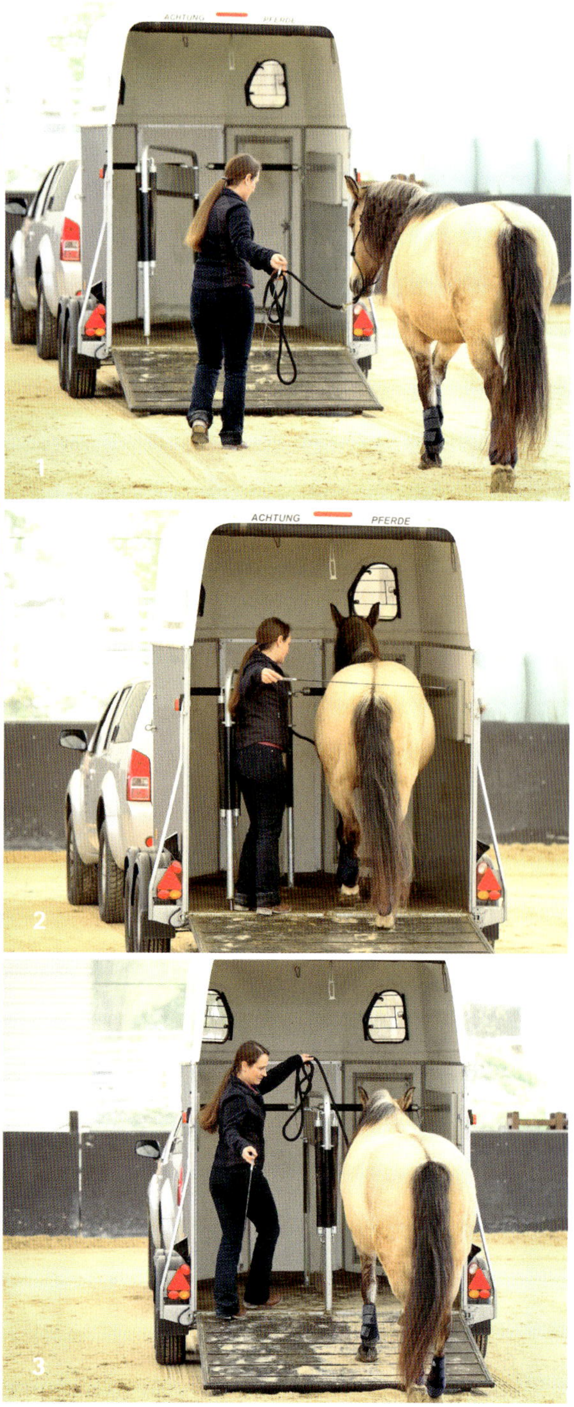

Zunächst wird mit schräggestellter Trennwand geübt, dann mit mittiggestellter Trennwand.

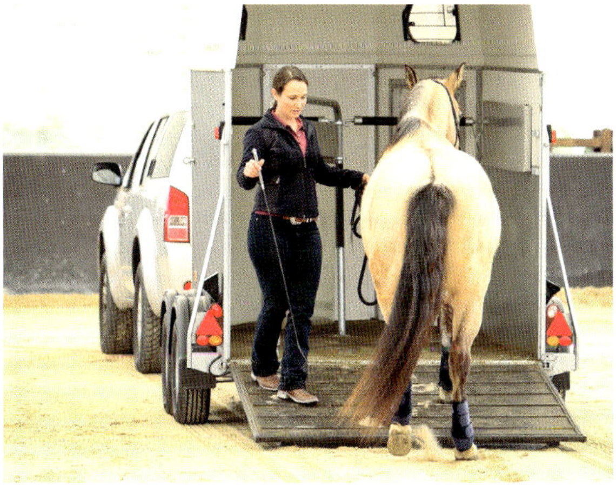

Wichtig ist immer die Entspannung im Hänger und ein ruhiges und kontrolliertes Rückwärtsgehen. Das Rückwärtssignal kommt über einen Wechsel der Körperausrichtung auf das Pferd zu. Das Rückwärts kann durch ein Stimmkommando unterstützt werden.

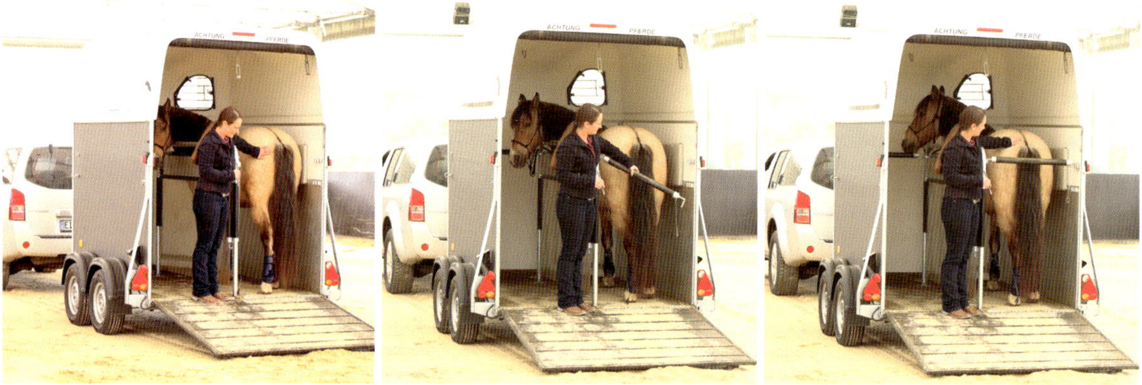

Das Pferd lernt nach und nach, vorne stehen zu bleiben, auch wenn man Richtung Hinterhand geht. Will es zurückweichen, rahmt man es mit der Gerte leicht von hinten ein. Das Schließen der Stange erfolgt dann mit entspannter Körperhaltung. Zunächst bewegt man die Stange auf und ab. Dies ist ein wichtiger Übungsschritt. Er sollte nicht erfolgen, wenn das Pferd noch unruhig ist und schnell wieder hinaus will. Der Mensch steht sicher im anderen Teil des Hängers und keinesfalls hinter dem Pferd.

Beim Lösen der Stange wird trainiert, dass das Pferd erst auf Stimmkommando und Fingerzeig langsam aus dem Anhänger hinausgeht.

Fängt man an, sich so fein mit dem Pferd abzustimmen, dass es auf immer geringer werdende Hilfen vor- und zurückgeht und auch im Anhänger immer länger stehen bleibt, wird es deutlich aufmerksamer auf die Signalgebung des Menschen reagieren. Der Anhänger wird so Schritt für Schritt zu einer Nebensache. Die Verladeübung verfolgt einerseits das Ziel, die Richtung zum Anhänger und den Anhänger selbst immer mit nachlassendem Druck und dadurch etwas Postivem zu assoziieren, andererseits wird durch sie die Aufmerksamkeit des Pferdes auf den Menschen als Signalgeber geschult.

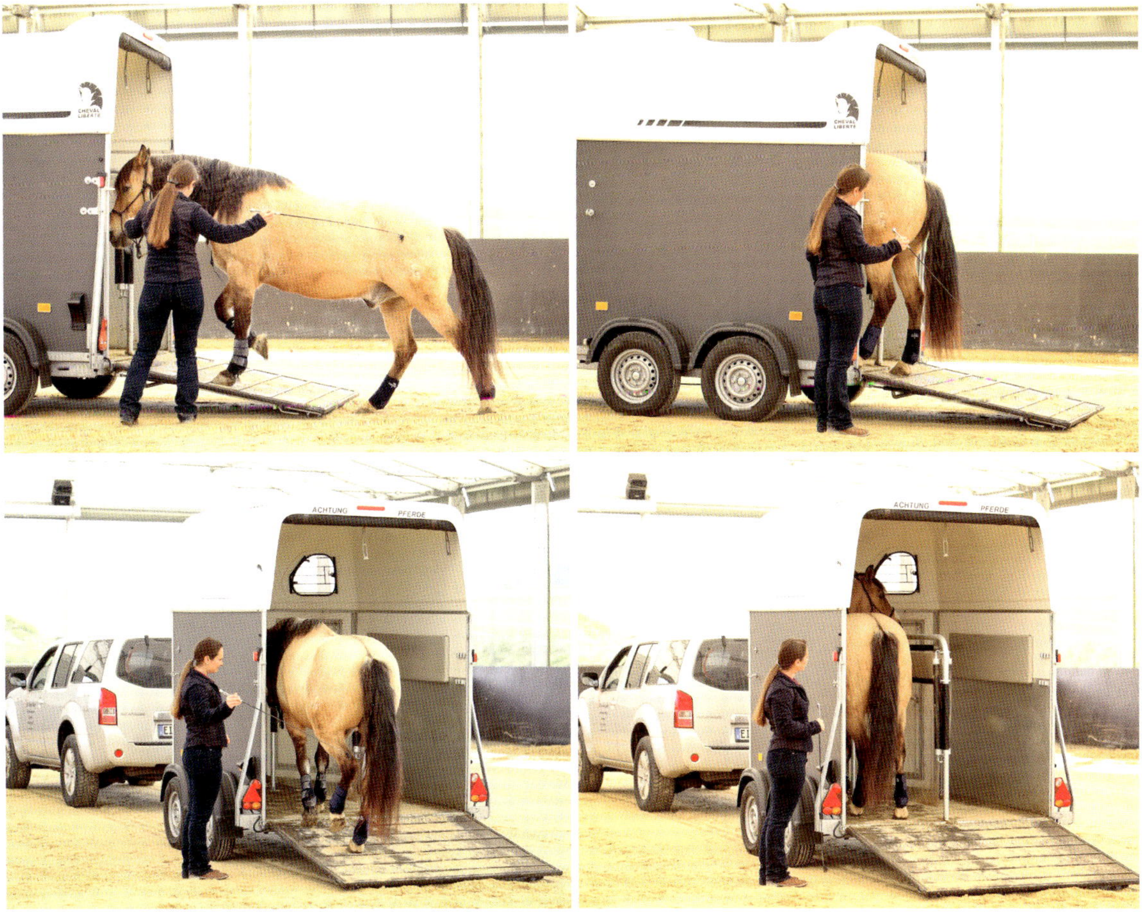

Im nächsten Schritt kann man das Pferd vorausschicken. Dabei geht es zuerst auf der rechten Seite in den Hänger, dann auf der linken. Man übt das, bis man das Pferd auch frei nach links hineinschicken kann. Wenn das Pferd auf ein Signal hin alleine in den Hänger geht, ist es einfacher, es auch im Hänger alleine stehen zu lassen, um die hintere Stange entspannt schließen zu können.

MIT UNTERSCHIEDLICHEN CHARAKTEREN UMGEHEN

Was bedeutet Charakter?

Beim Menschen werden unter »Charakter« die angeborenen und anerzogenen Merkmale zusammengefasst, die seine geistig-seelischen Eigenschaften prägen. Bei uns Menschen wird ein »guter« Charakter mit moralisch einwandfreien Wertvorstellungen gleichgesetzt. Eine Vorstellung von Moral, die mit sittlichen und ethischen Normen verknüpft ist, können wir einem Tier sicherlich nicht zusprechen. Aus diesem Grund sollte man beim Pferd statt von Charakter eher von Persönlichkeitsmerkmalen oder Temperamenten sprechen. Diese Eigenschaften sind sicherlich zu einem Teil vererbt, also von der Genetik mit vorgegeben, und

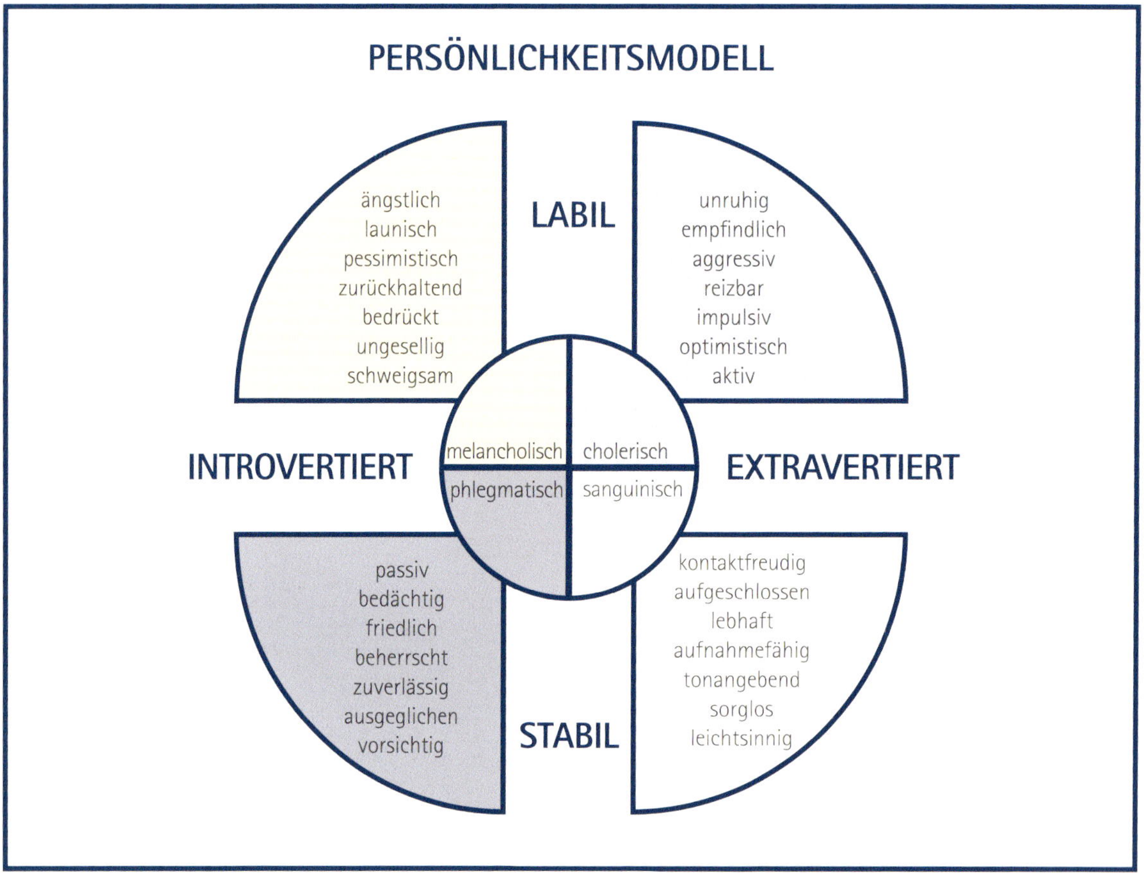

Abb. 17: Dieses Persönlichkeitsmodell stellt die vier Hauptausrichtungen menschlicher Persönlichkeiten dar (verändert nach Eysenck, 1981).

werden zum anderen Teil, von den Erfahrungen innerhalb des Lebens geprägt. Jeder, der mit Pferden zu tun hat, würde jedem einzelnen Pferd ohne Weiteres eine »Persönlichkeit« zuschreiben. Pferde besitzen Individualität, diese äußert sich im Umgang mit neuen Situationen oder gegenüber Artgenossen und auch dem Menschen gegenüber. Es ist im Umgang mit dem Pferd äußerst wichtig, auf individuelle Merkmale des Pferdeverhaltens eingehen zu können. Dies bedeutet zunächst einmal, diese Eigenschaften zu erkennen und mit ihnen gezielt zu arbeiten. In Anlehnung an ein Persönlichkeitsmodell, welches für den Menschen aufgestellt wurde, kann man einige Merkmale auf das Temperament eines Pferdes übertragen und damit Pferde in Typen einteilen (Abb. 17).

Die zwei Pole auf der horizontalen Ebene sind die Introversion und die Extraversion. Diese Eigenschaften beschreiben die Haltung gegenüber der Umwelt und den Umgang mit dieser. Die introvertierte Persönlichkeit richtet die Aufmerksamkeit auf ihr Inneres. Erholung und Zufriedenheit findet dieser Typ eher in der

Ruhe. Der extrovertierte Typ hat eine nach außen gewandte Haltung, er strebt einen aktiven Austausch mit der Umwelt an und fühlt sich dabei am wohlsten.

Beim Introvertierten finden sich auf der vertikalen Achse die Ausprägungen des melancholischen und des phlegmatischen Typs. Je mehr die Eigenschaften zum Melancholischen hin tendieren und die pessimistisch-ängstliche Haltung ausgeprägt ist, desto labiler ist die Persönlichkeit. Auf der anderen Seite, je mehr die Eigenschaften ins Phlegmatische tendieren, also Richtung ausgeglichen und ruhig, desto emotional stabiler ist die Persönlichkeit. Auf der Seite des extrovertierten Persönlichkeitstyps gibt es die cholerischen Eigenschaften, wie Aggressivität, Unruhe und Empfindlichkeit, die eher Anzeichen einer emotionalen Labilität sind, auf der anderen Seite die sanguinischen, die emotional stabiler werden, je stärker Eigenschaften wie die Sorglosigkeit, Aufnahmefähigkeit und leitende Verhaltensweisen ausgeprägt sind.

Einige Merkmale aus diesem Modell sind nicht direkt auf das Tier zu übertragen. Sicherlich ist hier Vorsicht geboten, Begriffe, die die menschliche Persönlichkeit beschreiben, auf ein Tier übertragen zu wollen. Dennoch gibt es uns eine Vorstellung davon, wie sich eine Persönlichkeit zusammensetzt und sich ein individuelles Temperament strukturieren lässt. Aus eigener Erfahrung und aus Verhaltensbeobachtungen heraus meine ich, gewisse Begrifflichkeiten dem Pferd durchaus zuschreiben zu können.

Wenn wir die Eigenschaften unseres Pferdes erkannt haben, sollten wir möglichst die Merkmale fördern, die dem Pferd helfen, unsere Signale und unsere Anliegen dahinter zu verstehen, und mit der von uns geschaffenen Umwelt zurechtzukommen. Eine positive Grundeigenschaft eines extrovertierten Temperaments ist die ausgeprägte Neugier. Dieses Verhalten gilt es, im Training aufzunehmen und zu nutzen. Auf der anderen Seite sollten wir versuchen, Merkmale, die diesem Ziel im Wege stehen, wie Skepsis und überhöhte Ängstlichkeit, durch ein zielgerichtetes Training zu beeinflussen (siehe unten).

Neugier fördern

Das natürliche Neugierverhalten des Pferdes sollte weder unterdrückt werden, noch lässt es sich erzwingen. In einer entspannten Trainings-

NEUGIER

Neugier bedeutet das Streben nach Neuem und ist die Voraussetzung für einen guten Lernerfolg. Es umfasst dabei Erkundungsverhalten, Nachahmung und Spielverhalten. Neugier und Spiel treten nur in einem entspannten Umfeld auf. Neugier und Erkundungsverhalten dienen in der Natur vor allem dem Jungtier für den aktiven Informations- und Erfahrungserwerb. Wenn die Neugier befriedigt wird, wirkt dies verstärkend auf das Verhalten.

atmosphäre ist das gelassene Pferd meist von selbst neugierig, neue Dinge und Gegenstände zu erkunden. Das Erkundungsverhalten und die Neugier kann man fördern, indem das Pferd immer wieder mit neuen Situationen und unbekannten Gegenständen konfrontiert wird. Durch das Erkunden und den positiven Ausgang wird die Neugier verstärkt und vom Pferd auch in neuen Situationen häufiger gezeigt. Zusätzlich bestärkt dies noch das Vertrauen zum Menschen, dass in seiner Gegenwart und vielleicht sogar noch durch ihn angeleitet, ungewohnte Situationen positiv überstanden werden können.

Zurückhaltende oder skeptische Pferde

Ein Pferd kann von Natur aus skeptischer sein (siehe Persönlichkeitsmodell, S. 150) oder es hat mit ganz bestimmten Dingen oder Situationen in der Vergangenheit schlechte Erfahrung gemacht. Unter beiden Voraussetzungen können wir es durch gezieltes Training schaffen, das Pferd an immer mehr Reize und Situationen zu gewöhnen und immer mehr die Neugier auf Neues zu fördern (siehe Kapitel 7 »Furchtsames Verhalten«, S. 156). Den Grundtyp einer eher introvertierten Persönlichkeitsstruktur wird man dadurch nicht ändern können, aber man kann sicherlich durch Training die negative Vorerwartung in bestimmten Situationen in eine positive umwandeln. Dies hat mit Konditionierung zu tun und lässt das Pferd (wenn wir nach den Begriffen des Persönlichkeitsmodells gehen) aus einer pessimistischen Haltung immer mehr in eine optimistische kommen. Man kann bei solchen Pferden, wie bereits beschrieben, gezielt die Neugier und das natürliche Erkundungsverhalten fördern. Man zeigt dem Pferd damit eine Strategie, wie es durch sein eigenes Verhalten seine Umwelt beeinflussen kann. Man holt die Pferde somit aus einer Lethargie und aus einer im schlimmsten Falle bestehenden erlernten Hilflosigkeit (siehe S. 99 und Kapitel 8) heraus und gibt ihnen die Möglichkeit, wieder positiv mit ihrer Umwelt zu interagieren.

NEUGIER IN DER GRUPPENHALTUNG

Unsere Pferde leben im Aktivstall in einer Gruppe von 15 Tieren. Sie haben ausreichend Sozialkontakt, können sich frei bewegen und haben ständigen Zugang zu Raufutter. Dennoch überkommt sie scheinbar manchmal Langeweile. Zumindest sind sie immer sehr neugierig auf alle Dinge, die sich in ihrem Areal verändern. Beispielsweise wenn ich mit Besuchern oder Studenten durch den Laufstall gehe, lässt uns die Traube von Pferden nicht in Ruhe. Es sind auch oft dieselben Pferde, die sich mitten in eine Gruppe von Menschen stellen und am Besuch aktiv teilhaben.

Unser Longierzirkel ist aus dem Laufstall gut einsichtig. Wenn hier mit neuen Pferden gearbeitet wird, sind die Pferde wie Zuschauer und reihen sich entlang des Zauns auf. Einem neuen »Kandidaten« galt besonders ihre Neugier: Lenny unserem Berittmuli! So was hatten manche Pferde noch nicht gesehen!

Das Umgehen mit immer neuen Reizen fördert das Erkundungsverhalten und die Neugier. Wird die Skepsis vor einem neuen Objekt mit Hilfe des Menschen überwunden, steigert dies das Vertrauen und festigt im positiven Sinne die Beziehung zueinander.

PROBLEMVERHALTEN und LÖSUNGSANSÄTZE

ERLERNTES UNERWÜNSCHTES VERHALTEN

Fast alle »Probleme«, die im Verhalten des Pferdes entstehen, resultieren aus einer Fehlkommunikation seitens des Menschen und führen zu einem erlernten unerwünschten Verhalten. Durch das sogenannte »Trial and Error-Learning«, das im Rahmen des instrumentellen oder operanten Lernens stattfindet, wird gelernt, dass ein bestimmtes Verhalten eine positive Konsequenz nach sich zieht (siehe positive/negative Verstärkung, S. 72). Das gleichzeitige Auftreten von Verhalten und positivem Resultat kann dabei zunächst zufällig auftreten: z.B. das Pferd scharrt aus Ungeduld in der Box mit den Hufen und bekommt direkt darauf vom Stallmeister die Krippe gefüllt. Durch mehrmaliges Zusammentreffen dieser beiden Ereignisse wird eine Assoziation (also eine Verknüpfung) dieser Ereignisse hergestellt: »Wenn ich scharre, wird meine Krippe gefüllt.«

Dieses Phänomen, bei dem eine ungewollte Verknüpfung entsteht, nennt man »unerwünschtes erlerntes Verhalten«. Es entsteht in vielen Bereichen der Pferdehaltung und des Trainings.

SCHARREN AM ANBINDER

Schon weiter oben wurde erwähnt, wie man unbewusst Unruhe oder das Scharren am Anbindeplatz konditioniert. Das Scharren kommt häufig durch eine Futtererwartung, weil das Pferd am Anbinder gefüttert wird, oder durch eine allgemeine Ungeduld, beispielsweise durch soziale Isolation von den Artgenossen. Dies können Ursachen des Scharrens sein, das Verhalten wird aber oft durch die Aufmerksamkeit des Menschen weiter gefördert. Man stelle sich folgende Situation vor: Das Pferd scharrt, während der Besitzer sich gerade mit seinem Stallkollegen unterhält. Weil ein Pferd das nicht machen soll, dreht sich der Besitzer zum Pferd und ermahnt es – meist in recht freundlichem Ton. Daraufhin hört das Pferd kurzfristig auf, es wurde ja angesprochen. Fängt aber, sobald die Unterhaltung mit dem Stallkollegen weitergeht, wieder an. Der Besitzer dreht sich wieder zum Pferd um und so fort. Dies ist ein klassisches Aufmerksamkeit forderndes Verhalten. Und die Aufmerksamkeit des Besitzers stellt die Verstärkung dar. Selbst wenn der Besitzer schärfer mit dem Pferd sprechen würde, bekäme es die Aufmerksamkeit, nach der es fragt.

Lösungsansatz

Was in diesem Fall gut helfen kann, ist die Gegenkonditionierung. Das bedeutet, man belohnt (in diesem Fall mit Aufmerksamkeit), wenn das Pferd gerade nicht scharrt. Nun kann man entweder abwarten, bis das Pferd von alleine aufhört oder man löst das gewünschte Verhalten aus. Es kann helfen, das Pferd aus seinem Scharrverhalten herauszubringen, wenn man ein kurzes Störgeräusch, wie beispielsweise ein Zischen, von sich gibt. Sobald das Pferd nicht scharrt, bekommt es die gewünschte Aufmerksamkeit durch ein verbales Lob oder es wird losgebunden. Bestrafung, also einen Strafreiz zu setzen, hilft eher wenig. Im Gegenteil: dies kann zu ängstlichem Verhalten und noch mehr Stress beim Pferd führen. Die Auslöschung des ungewünschten Verhaltens hat so meist keinen Erfolg.

ABGESTUMPFTHEIT

Wenn ein Pferd kaum noch auf die treibende Hilfe des Schenkels reagiert, ist das eine Form von Gewöhnung (siehe Kapitel 3 »Habituation«, S. 58). Der Schenkel als Reiz hat seinen Informationswert verloren, ist also vom Pferd nicht mit einem positiven oder negativen Ausgang verknüpft worden. Das Pferd schützt sich somit vor irrelevanten Reizen und kann sogar lernen, sehr hohe Schmerzen zu ertragen – bis hin zu offenen Sporenstellen oder einem blutigen Maul bei Zügellahmheit. Denn die gleiche Reaktionslosigkeit kann sich auf die Zügelhilfen einstellen. Der zugrundeliegende Lernprozess und Lösungsansatz ist der gleiche.

Lösungsansatz

Der Reiter muss die Reizschwelle, die eine Reaktion des Pferdes hervorruft, durch die Intensität des Reizes überschreiten. Das bedeutet, dass der Druck des Schenkels von nun an jedes Mal zu einer Reizantwort des Pferdes führen muss (siehe Abb. 9, S. 62 und Abb. 16, S. 110). Wenn diese Reaktion passiert, das Pferd also im Fall der Triebigkeit mit einer Vorwärtsreaktion reagiert, muss der Reiz (der Druck des Schenkels) sofort aufhören. So verknüpft das Pferd die Reaktion mit einem positiven Ausgang (in diesem Fall mit einer negativen Verstärkung, da ein aversiver = unangenehmer Reiz weggenommen wird).

FURCHTSAMES VERHALTEN

Angst und Furcht sind überlebenswichtige Mechanismen, besonders beim Pferd als Fluchttier. Als Furcht bezeichnet man ein Verhalten, das auf einen bestimmten Reiz gerichtet ist (Furcht vor der Tierarztspritze), Angst hingegen ist als eine Grundstimmung des Organismus zu verstehen, in dem das Tier in einem erhöhten Stadium der Fluchtbereitschaft ist (beispielsweise in einem fremden oder unangenehmen Umfeld – siehe Wissenschaftskasten »Angst« S. 40).

Furcht vor einem Gegenstand oder einer Situation entsteht, wenn genau in dem Moment der Berührung eines Gegenstandes oder genau in dieser Situation eine Verknüpfung mit etwas Unangenehmem (meist einem Schmerzreiz) entsteht. Dieser Gegenstand oder diese Situation wird natürlich künftig vom Pferd gemieden. Gewollt passiert dieses erlernte Vermeiden auf die Berührung des Stromzauns, ungewollt wenn die Behandlung des Tierarztes einmal oder wiederholt mit Schmerzen verbunden war. Das Pferd kann, wenn die gleiche Situation nur oft genug verknüpft wurde, auch schon die vorangehenden Reize, wie das Auftauchen des Tierarztes in der Stallgasse oder sogar das Motorengeräusch des Tierarztautos, mit dem unangenehmen Ausgang verknüpfen (siehe »klassische Konditionierung« S. 65). Meist ist die Vorerwartung des Negativen das, was ein Pferd in Nervosität oder gar Panik versetzen kann. Die Spritze an sich löst gar nicht so einen großen Schmerz aus. Das problematische Verhalten zeigt sich oft in der Vorbereitung der Impfung bei der Annäherung des Tierarztes. Man kennt es vielleicht von sich selbst, dass die Vorstellung der Schmerzen, die einen gleich erwarten (beispielsweise bei der Zahnarztspritze), viel schlimmer sind, als der Moment des Stechens selbst.

Lösungsansatz

Erfahrungsgemäß stellt es sich als schwierig heraus, in Ruhe mit einem Tierarzt selbst zu

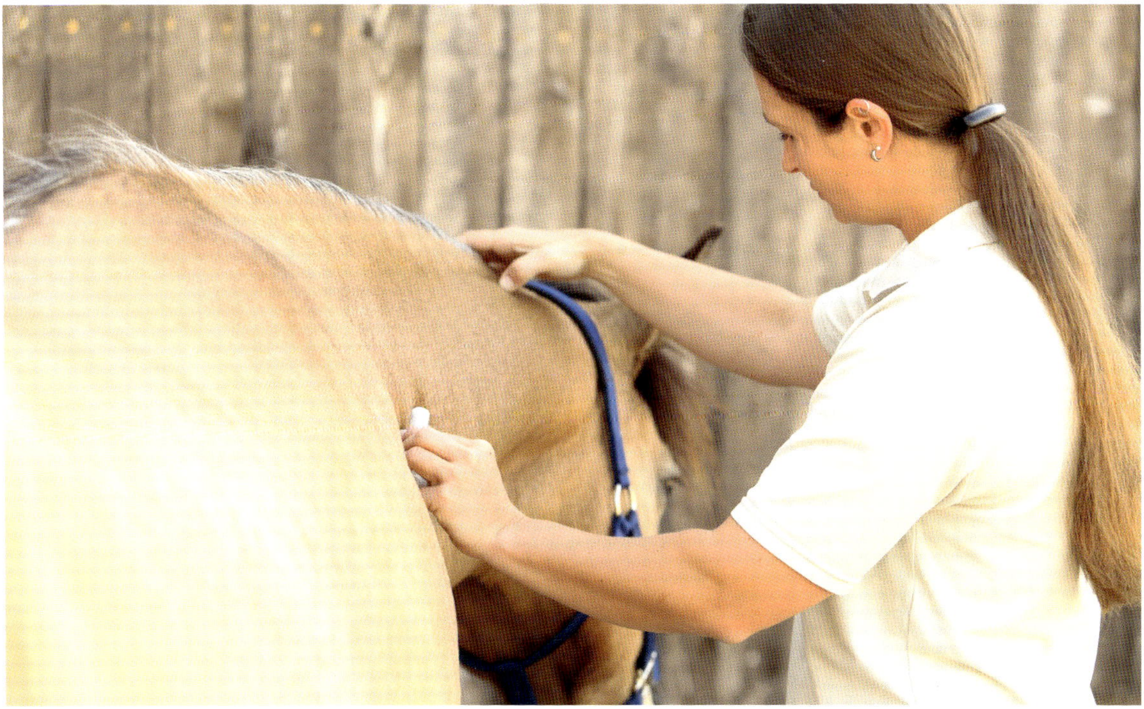

Auch bei der Gewöhnung an die Spritzen-Attrappe nutzt man das Kopfabsenken des Pferdes. Dies hat zwei positive Effekte. Zum einen: Die Halsmuskulatur entspannt und der Druck der Spritze ist weniger unangenehm. Zum anderen: Die gesenkte Kopfhaltung löst eine psychische Entspannung aus.

üben und diesen nach und nach mit etwas Positivem zu verbinden. Hier ist der Besitzer oder Trainer gefragt, die Situation des Impfens so gut vorzubereiten, dass im Ernstfall der Tierarzt zwar unterrichtet ist, aber doch relativ normal seine Arbeit verrichten kann. Man verfolgt hier das Prinzip der Gewöhnung. Der Reiz (in diesem Fall von einer Spritzen-Attrappe) erhöht sich nach und nach und löst mit der Zeit keine Gegenreaktion mehr beim Pferd aus. Man nimmt mit einer Hand eine kleine Halsfalte des Pferdes und drückt immer wieder, sich langsam verstärkend, den Plastikkörper einer Spritze in den Muskel. Wenn das Pferd entspannt bleibt, hört der Druck wieder auf, spannt sich das Pferd hingegen an, hilft man mit der Hand, das Pferd leicht am Halfter zu stellen und seinen Kopf zu senken. Dadurch entspannt sich die Halsmuskulatur und das Pferd empfindet den Druck als nicht so unangenehm, wie bei angespannter Muskulatur. Dies kann man an sich selbst ausprobieren, indem man sich einmal in den angespannten Bizeps zwickt und mit gleichem Druck in den entspannten Muskel. Den Druck empfindet man als wesentlich unangenehmer, wenn der Muskel angespannt ist. Die Übung wird soweit vorbereitet, bis das Pferd auf punktuelle Berührung der Attrappe den Kopf senkt. Hier ist gutes Timing gefragt, genau bei dieser Bewegung den Druck sofort wegzunehmen. Durch diese Übung wird die negative Erwartungshaltung entkräftet, indem sie durch eine positive – beziehungsweise neutrale – ersetzt wird.

Instruktionen für den Tierarzt

Der Tierarzt ist auch nur ein Mensch und geht oft schon mit einer angespannteren Körperhaltung an ein Pferd heran, bei dem er weiß, es könnte Gegenwehr zeigen, als bei einem voraussichtlich braven Patienten. Dennoch sollte er ohne direkten Blick auf das Pferd und mit einer eher schlaffen Körperhaltung versuchen, dem Pferd zu begegnen und nicht schon selbst in einer negativen Erwartungshaltung. Am besten zeigt man dem Tierarzt seine Vorarbeit, dass wenn das Pferd punktuell am Hals von der Attrappe berührt wird, es mit einem Kopfsenken reagiert.

Entspannungstraining für ängstliche Pferde

Kopfsenken

Dem Pferd beizubringen, den Kopf zu senken, hat viele Vorteile. Innerhalb von ein paar Sekunden stellt sich bei einem Pferd mit einer gesenkten Kopfhaltung Entspannung ein. Man sieht, dass die Augen sich schließen, die Lippen anfangen zu zucken und es kaut. Dies hat mit dem Biofeedback zu tun, das im eigenen Körper stattfindet (beschrieben als »Facial Feedback« in Kapitel 3, S. 76). Das Pferd kann sich also gewissermaßen nicht gegen die Entspannung »wehren«. Da die gesenkte Kopfhaltung nur in entspannten Momenten, wie beim Fressen oder Dösen, eingenommen wird, signalisiert sie dem Gehirn, dass keine Gefahr droht.

Es gibt verschiedene Wege, dem Pferd das Senken des Kopfes auf ein Kommando hin beizubringen. Man legt die Hand auf die Muskulatur hinter den ersten Halswirbel. Daumen und Mittelfinger üben leichten Druck links und rechts des Mähnenkamms aus, bis das Pferd zunächst eher zufällig ein paar Zentimeter dem Druck weicht. Man wiederholt die Übung, bis das Pferd den Kopf tief gesenkt hält und der Reiz dafür immer weniger wird. Der Reiz kann dabei so verfeinert werden, dass ein alleiniges Zeigen auf den Nacken diese Bewegung auslöst. Da das Pferd diese Haltung selbst als angenehm empfindet, wird es immer leichter werden, dieses Verhalten auszulösen.

Eine andere Möglichkeit besteht darin, das Pferd mithilfe des Target Trainings in die Tiefe zu locken. Man bringt dem Pferd vorher bei, einen bestimmten Gegenstand, beispielsweise den Gertenknauf, mit dem Maul zu berühren und belohnt dieses Verhalten. Wenn diese Konditionierung erlernt ist, kann man den Kopf immer weiter dirigieren. Ich bevorzuge jedoch die erste Methode aus folgendem Grund: Das Pferd lernt dabei eines der wichtigsten Grundprinzipien im Umgang mit dem Menschen. Löst der Mensch einen punktuellen Druck aus, kann das Pferd eine Lösung dafür finden, indem es dem Druck weicht. Dieses Prinzip begegnet dem Pferd in fast allen Lektionen, die wir mit ihm erarbeiten.

An dieser Übung kann man bei schon gerittenen Pferden feststellen, was ihre Antwort auf menschlichen Druck ist: Es gibt Pferde, die haben das Prinzip des »Gegendrucks« für sich entdeckt. Bei der Kopfsenkübung drücken sie gegen die Hand. Wenn das Pferd hierbei auch die Lösung im Heben des Kopfes findet, kann man dem Pferd vorsichtig einen Strick um das Genick legen, damit der Druck nicht im falschen Moment aufhört. Erfolgt gar keine Reaktion, hat es gelernt, dem Druck des Menschen standzuhalten, bis dieser wieder aufhört. In diesem Fall, muss sich der Druck innerhalb weniger Sekunden erhöhen, bis die

Reizschwelle überschritten ist (siehe Abb. 9, S.62). Diese Übung schult außerdem das Druckgefühl und das Timing des Menschen. Wenn sie im gewohnten Umfeld sicher klappt, fängt man an, sie in verschiedenen Situationen abzurufen – grundsätzlich immer wieder als »Pausensituation« während des Trainings, dann auch außerhalb der Bahn, auf dem Putzplatz, im Gelände und beim Trainieren von Schreckhindernissen. Ist diese Haltung nämlich zuverlässig abrufbar, kann man das Pferd aus einer angespannten Haltung heraus in eine Entspannung holen, selbst wenn die Anspannung schon recht hoch ist.

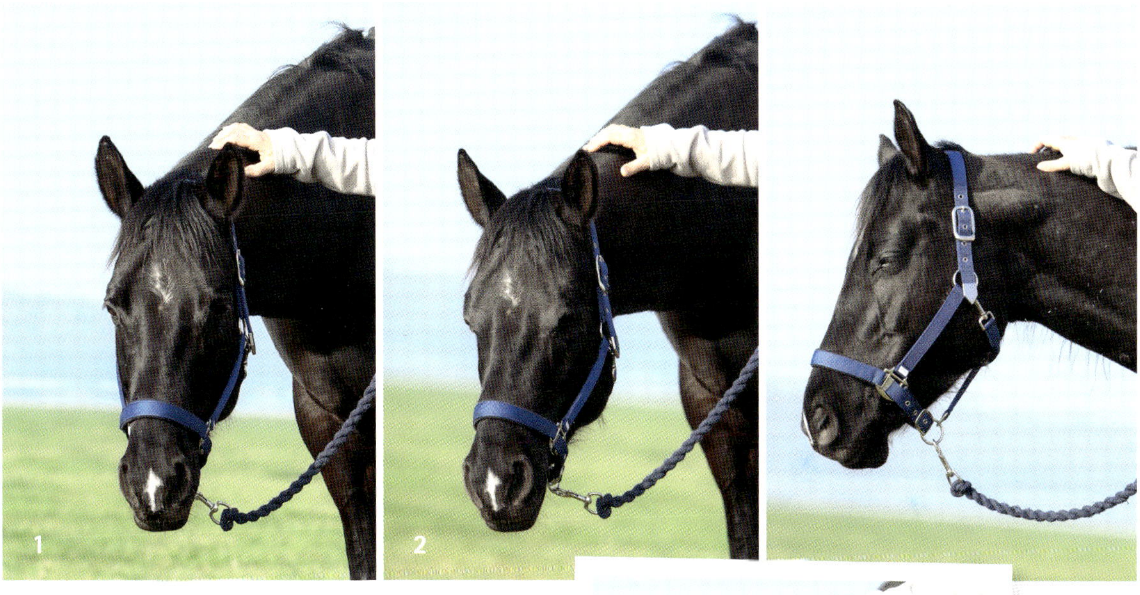

Ein leichter Druck auf die Genickmuskulatur veranlasst das Pferd, den Kopf zu senken. Der Druck der Finger (1) muss bei der richtigen Reaktion im selben Moment reflexartig loslassen (2). Durch die tiefe Kopfhaltung entspannt sich das Pferd, kaut und schließt die Augen. Diese Haltung als Pausen- und Belohnungshaltung zu konditionieren, hat einen hervorragenden hohen psychologischen und physiologischen Effekt.

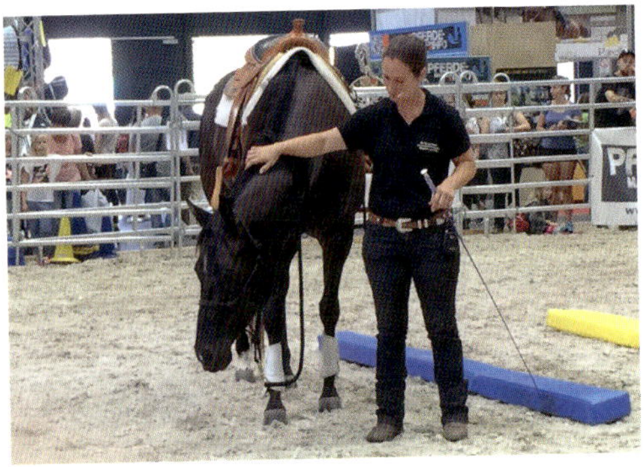

Gerade in ungewohnter Umgebung hat das »Kopfsenken« einen beruhigenden Effekt.

EINE PAUSENECKE EINRICHTEN

Ich gebe meinen Pferden auf Turnieren oder bei Showauftritten oft die Möglichkeit, eine gesenkte Kopfhaltung einzunehmen. Mein Criollo-Wallach Pablo, der oft sehr angespannt bei lauter Geräuschkulisse ist, nimmt das Senken des Kopfes an einer bestimmten Ecke des Platzes dankbar an und nutzt diese Ecke als »Entspannungsecke«. So schafft man für das Pferd die Möglichkeit, auch in einer insgesamt stressbehafteten Umgebung, einen Ruhepol zu finden und nicht die gesamte Situation als unangenehm abzuspeichern. Die Ecke wird dabei mit einer positiven Emotion (Entspannung) assoziiert. Ich habe bei Pablo sogar festgestellt, dass er, obwohl die Umgebung ansonsten gleich ist, in genau diese Ecke möchte. Er hat es also tatsächlich mit genau diesem Ort verknüpft.

Mit meiner Stute Josie habe ich es geschafft, dass ich eine entspannte Haltung überall im Auftrittsbereich bei Showvorführungen etablieren kann. Somit geht sie insgesamt gelassener mit der doch unnatürlichen Situation um, die beispielsweise eine Messehalle mit sich bringt. Dadurch wird es möglich, sie soweit zu entspannen, dass sogar das ruhige Ablegen funktioniert.

Das Pferd hat gelernt, sich an der entspannten Körperhaltung seines Menschen zu orientieren, selbst in der unnatürlichen Umgebung einer Messehalle.

Schreckreize gezielt setzen

Es ist natürlich für das Pferd, auf ungewohnte Geräusche oder Berührungen zunächst mit Anspannung oder sogar Furcht zu reagieren. Pferde, die schlechte Erfahrungen mit bestimmten Gegenständen oder Berührungen und Bewegungen des Menschen gemacht haben, fällt es umso schwerer, in solchen Situationen wieder Vertrauen zu fassen. Je mehr Situationen man mit dem Pferd positiv lösen kann, in denen es zuvor skeptisch war, desto größer wird das Vertrauen in die Souveränität des Menschen und gegenüber dem Menschen selbst. Durch das kontrollierte Setzen von Schreckreizen kann man das Nervenkostüm des Pferdes stärken und damit die Beziehung zum Menschen. Das Schöne daran ist, dass dies in Ruhe trainierbar, ist und man dann in unerwarteten Schrecksituationen die Aufmerksamkeit und das Vertrauen des Pferdes schon erarbeitet hat.

Vom Leichten zum Schweren

Beim Gewöhnungstraining von Schreckreizen ist es wichtig, in kleinen Schritten vorzugehen. Nach dem pädagogischen Leitsatz: »Vom Leichten zum Schweren.« Setzt man einmal einen Reiz zu stark, ist es möglich, dass die Gewöhnung wieder von vorne anfangen muss. Das Gewöhnen an eine Plastiktüte ist immer ein schönes Beispiel, denn die Plastiktüte kann man zunächst klein zusammenknüllen und mit der Zeit größer und geräuschvoller werden lassen. Wichtig ist, dass man an den Stellen des Pferdekörpers mit der Berührung anfängt, die möglichst unempfindlich sind, wie Hals und Schulter. Die eigene Körperhaltung spielt bei der Gewöhnung an einen Schreckreiz eine entscheidende Rolle. Man selbst nimmt eine entspannte Körperhaltung mit einem geringen Muskeltonus ein und senkt den Blick. Es ist nicht sinnvoll den Gegenstand vorher dem Pferd entgegenzuhalten und es an ihm schnuppern zu lassen, denn die Berührung am Maul kann das Pferd leicht in Panik versetzen. Kopf und Beinbereiche werden erst berührt, wenn das Berühren am restlichen Körper ohne Flucht oder Abwehrreaktion vonstattengeht.

Man tritt dabei mit der schon beschriebenen passiven Körperhaltung an das Pferd heran und berührt es wie selbstverständlich mit dem neuen Gegenstand, als wäre es ein neuer Putzhandschuh. In leicht kreisenden Bewegungen streicht man das Pferd wie mit der Kardätsche mit ihm ab. Wichtig ist, nicht zu vorsichtig dabei zu berühren, sondern mit einem stabilen, mäßigen Druck. Damit kann das Pferd besser umgehen, als mit einem hauchfeinen, vorsichtigen Druck, vor dem es eher zurückschreckt. Die monotonen Bewegungen werden immer ausladender und die Plastiktüte wird dabei immer etwas mehr auseinandergefaltet. Wenn man jetzt vorher noch das Absenken des Kopfes geübt hat, kommt dieses gleichzeitig hinzu. Sobald das Pferd den Kopf absenkt, hört man kurz mit der Bewegung und der Berührung auf. Dies wiederholt man einige Male, bis das Pferd von alleine darauf kommt, die Handlung mit dem Kopfsenken zu beeinflussen.

Damit ist ein wichtiger Teil geschafft: Nicht nur, dass das Pferd sich selbst in eine entspannte Haltung bringt, und damit insgesamt entspannter wird, nein, es bekommt auch noch das Gefühl vermittelt, an der Handlung beteiligt zu sein, was ein wichtiger psychologischer Aspekt ist. Nach und nach dehnt man die Bewegung auch bei gesenktem Kopf immer mehr aus. Diese Übung kann man immer wieder mit den unterschiedlichsten Gegenständen ins Training integrieren. Entweder mit völlig unbekannten Objekten oder zur Gegenkonditionierung bei negativ assoziierten Gegenständen, wie zum Beispiel der Sprühflasche.

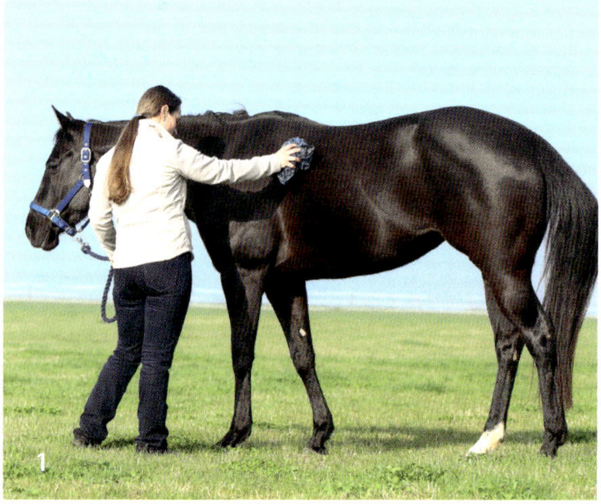

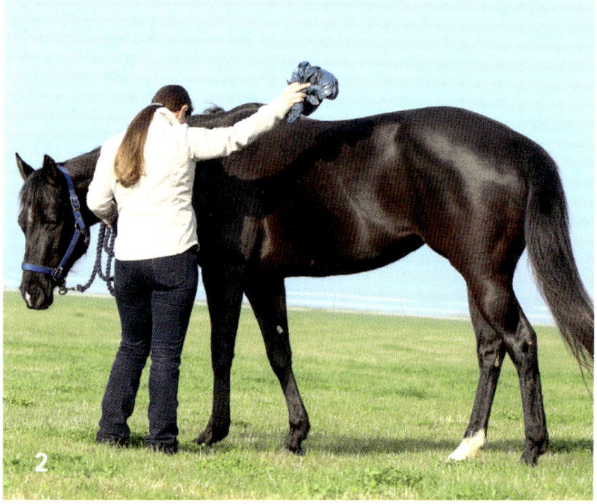

Wichtig bei der Gewöhnung an Schreckreize ist die eigene entspannte Körperhaltung. Der gesenkte Blick hilft, die eigenen Muskeln zu entspannen. Das Pferd sollte bei Gewöhnungsübungen am lockeren Strick gehalten werden. Zu beachten ist, dass das Pferd hierbei nicht angebunden wird! Es könnte sich ins Halfter hängen.
Wenn das Pferd ausweicht, bleibt der Gegenstand am Körper des Pferdes, erst wenn es ruhig steht, nimmt man den Gegenstand wieder von seinem Körper weg. Der Mensch konzentriert sich auf die Reaktion des Pferdes, um Veränderungen sofort zu bemerken. Wird die Toleranzgrenze überschritten, verändert das Pferd sein Verhalten: Der Kopf hebt sich, das Pferd spannt sich an (3) oder weicht aus. In diesem Fall hilft man ihm durch Kopfsenken erneut in die entspannte Haltung (4). Der Reiz wird nach und nach in seiner Intensität erhöht. Eine Plastiktüte ist dafür sehr gut geeignet, da sie zunächst klein eingesetzt werden kann und dann immer größer.

Neue Gegenstände sollten dem Pferd nicht direkt von vorne mit einer frontalen Körperhaltung präsentiert werden. Die erste Berührung am Kopf oder der empfindlichen Maulpartie kann es sonst negativ verknüpfen. Besser ist die seitliche Position und die Berührung an zunächst unempfindlichen Stellen wie der Schulter und der Sattellage (1).

Die Stute ist noch skeptisch (1 und 2). Ihre Aufmerksamkeit ist hier noch auf die ungewohnte Berührung gerichtet. Nicht zu vorsichtig vorgehen: Ein gleichmäßiger Druck gibt dem Pferd mehr Sicherheit als eine zu feine Berührung. Der Gegenstand (Plastiktüte) wird genutzt wie ein Putzhandschuh. Erst streicht man mit ihm die weniger empfindlichen Stellen ab, dann auch Bauch, Kruppe und Beine (3 und 4).

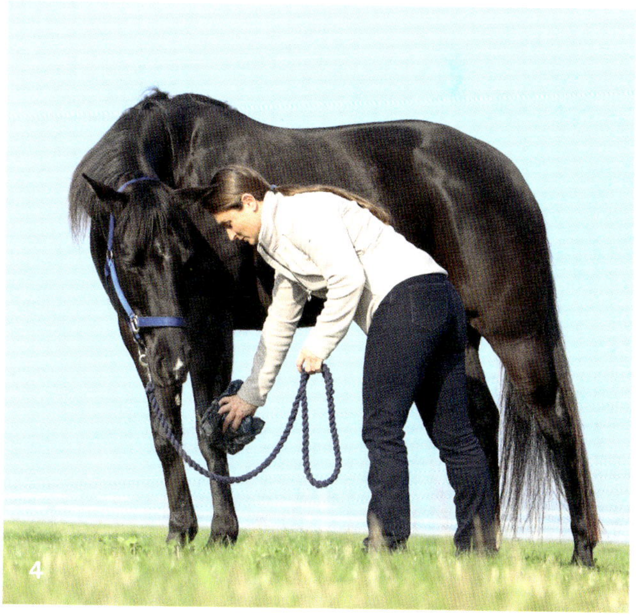

Die Stute weicht der Berührung mit der Sprühflasche zunächst aus (1). Ruhiges Dranbleiben mit dem Gegenstand und die Hilfe des Kopfsenkens (2 und 3) bringen sie wieder in eine entspannte Haltung. Am Schluss der Übung steht das Pfered ohne »Hilfe« in entspannter Haltung (4).

VERLADEPROBLEME

Das Pferd und der Mensch verknüpfen die Situation des Verladens oft ähnlich – mit Stress und negativen Assoziationen. Wie oben erwähnt, sollte man gezieltes Verladetraining in Ruhe durchführen. Für das Pferd, das mit dem Hänger – durch den mit dem Verladen verbundenen Stress oder eine unangenehme Anhängerfahrt – negative Empfindungen verbindet, ist es verständlich, den Anhänger meiden zu wollen.

Pferde entwickeln für das »Nicht-Einsteigen« verschiedenste Vermeide-Taktiken. Manche reagieren über und springen von der Rampe. Entweder indem sie den Menschen wegdrücken oder indem sie ihn von der Rampe ziehen. Andere werden eher reaktionslos und machen keinen Schritt mehr in den Anhänger hinein oder gar auf die Rampe. Dies sind erlernte Verhaltensweisen, die sich für das Pferd bewährt haben – sie entkommen so für einen kurzen Moment der Drucksituation.

Diese stabil erlernten Verhaltensweisen sind nicht ganz einfach zu durchbrechen. Hier sind Timing, Gefühl und eine gute Vorarbeit gefragt.

Lösungsansatz

Bei Verladeproblemen ist ein gezieltes Kommunikationstraining die beste Voraussetzung. Der genaue Trainingsablauf ist in Kapitel 6 »Verladen« beschrieben (siehe S. 144).

GURT- ODER SATTELZWANG

Wenn bei einem Pferd Gurt- oder Stattelzwang besteht, hat es schon beim Anblick oder spätestens bei der Berührung dieses Gegenstandes eine negative Vorerwartung. Die betroffenen Pferde spannen sich an und lassen oft dabei als Ventil eine Aggression folgen. Diese negative Verknüpfung kann von einem sehr intensiven Ereignis herstammen oder von immer wiederkehrenden Schmerzen oder Stress in Verbindung mit dem Gurt, dem Sattel oder dem Reiten. Hinter diesem Lernverhalten steckt eine klassische Konditionierung. Der auslösende Reiz ist der Anblick des Sattels, die konditionierte Reaktion die negative Vorerwartung.

Lösungsansatz

Hier muss in kleinen Schritten habituiert werden. Wichtig ist, dass im Vorfeld abgeklärt ist, dass das Pferd keine Schmerzen empfindet, wenn es gesattelt, gegurtet oder geritten wird. Wir wollen das Pferd nicht an einen reellen Schmerz gewöhnen, sondern nur die negative Verknüpfung, die einst entstanden ist, positiv überschreiben. Entscheidend ist, dass man mit kleinen wiederkehrenden Reizen, wie dem Abstreichen der Gurtlage mit der Hand, beginnt und nicht damit aufhört, wenn die manifestierte Abwehrreaktion gezeigt wird. Der Reiz des Abstreichens würde aufhören, wenn das Pferd gerade nicht die Ohren anlegt oder am besten den Kopf absenkt (was man vorher trainiert hat). Man steigert den Reiz nach und nach durch einen leicht ansteigenden Druck über die Hand oder legt den Gurt an und nimmt ihn in einer monotonen Bewegung immer wieder weg vom Pferd. Bei »Nicht-Reaktion« geht als Belohnung der Reiz zunächst erstmal immer wieder weg vom Pferd. Auf diese einschätzbare Bewegung habituiert das Pferd und lässt es nach und nach mehr Berührungsdruck durch den Gegenstand (Gurt oder Sattel) akzeptieren.

AGGRESSIVITÄT

Es kann zu einem großen und sehr gefährlichen Problem werden, wenn das Pferd dem Menschen gegenüber aggressives Verhalten zeigt. Dies kann im alltäglichen Umgang auftreten, bei der Bodenarbeit oder auch beim Reiten, wenn der Mensch dem Pferd eine Reaktion abverlangen möchte.

Die Ursache liegt oft darin, dass die Aggressivität ein positives Ergebnis für das Pferd mit sich bringt, z.B. der Mensch weicht dem Pferd oder der Mensch beendet das Signal, auf das er eine Reaktion vom Pferd haben wollte. Aggressives Verhalten bedeutet nicht, dass ein besonders dominantes Verhalten beim Pferd zu Grunde liegt. Im Gegenteil, manchmal kann das Pferd ein besonders skeptisches und eher ängstliches Tier sein, das gelernt hat, sich so vor den Einflüssen des Menschen zu schützen. Man könnte es vergleichen mit dem Hund, der aus Angst beißt. Wenn das Pferd einen solchen Schutzmechanismus wählt,

Erhöhte Aggressivität kann durch ungewollte Verstärkung durch den Menschen vom Pferd erlernt worden sein.

liegt oft eine negative Erwartung beim Tier zugrunde, die von den Reizen des Menschen ausgeht. Entweder, weil der Mensch an sich mit negativen Erfahrungen verknüpft ist, oder weil das Pferd noch nie einen Sinn hinter der Signalgebung des Menschen gesehen hat und keinen positiven Ausgang dahinter vermutet.

Lösungsansatz

Bei erlernter Aggression ist Vorsicht geboten! Das Therapieren eines aggressiven Verhaltens sollte in die Hand eines Profis gegeben werden. Hier kommt es ganz besonders auf das richtige Timing und die richtige Reizstärke an. Es muss genau beobachtet werden, wann das Pferd Drohsignale aussendet. Sich hierbei auf einen körperlichen Kampf einzulassen, wäre falsch, da der Mensch sicher den Kürzeren ziehen würde. Das Grundprinzip liegt hier wiederum darin, das Pferd zu motivieren, das gewünschte Verhalten zu zeigen. Der Trainer muss das aggressive Verhaltensmuster unterbrechen und dem Pferd einen anderen Lösungsansatz anbieten, am besten, auf ein bestimmtes Signal hin, dem Menschen zu weichen. Es ist bei dieser Gegenkonditionierung besonders wichtig, den Druck bei dem richtigen Verhaltensansatz sofort wegzunehmen. Emotionen wie Wut und Frustration wären hier fehl am Platz. Es muss hier im Hinblick auf die eigene Gesundheit vorsichtig, aber mit einer klaren Intention gehandelt werden.

TRAUMATISIERUNG

Auch beim Pferd kann durch ein besonders einschneidendes, emotional negativ assoziiertes Ereignis ein Trauma initiiert werden. Das Trauma geht über die normale »schlechte Erfahrung« hinaus, und es wird immer wieder Situationen geben, bei denen sogenannte Trigger (auslösende Reize) dieses negative Erlebnis nachempfinden lassen. Diese Trigger können eine menschliche Geste oder ein bestimmtes Auftreten des Menschen sein, wenn das Trauma durch ihn hervorgerufen wurde. Trigger können aber auch bestimmte Umgebungsreize oder Objekte und Gegenstände sein. Das Trauma macht – im Gegensatz zu der schlechten Erfahrung oder Verknüpfung – eine tief sitzende, schwere emotionale Belastung aus. Ein wirklich traumatisches Erlebnis lässt sich deswegen kaum oder nur äußerst schwer wieder positiv besetzen. Hat das Pferd hingegen eine Situation als schlechte Erfahrung abgespeichert, kann man diese meist mit Geduld und Einfühlungsvermögen wieder recht gut positiv behaften.

Ein Trauma kann beispielsweise durch das abrupte Absetzen von der Stute ausgelöst werden. Hier können sich als direkte Folge bei nicht artgerechter Aufstallung des Absetzers (beispielsweise bei nicht ausreichendem Sozialkontakt) recht schnell Stereotypien manifestieren. Ein weiteres traumatisches Erlebnis kann ein Anhängerunfall gewesen sein. Hier kann man nur mit höchster Vorsicht und der Hilfe eines Profis versuchen, wieder an das Verladen zu denken.

STEREOTYPIEN

Zu den typischen Stereotypien, die wir bei Pferden kennen, zählen beispielsweise das Weben, Koppen, Boxenlaufen, Krippenwetzen, sowie die Automutilation (Selbstverletzung). Stereotypes Verhalten muss man abgrenzen von erlerntem unerwünschtem Verhalten. Erlernte Problematiken, wie sie in diesem Kapitel beschrieben wurden, sind meist gut therapierbar durch eine adäquate Gegenkonditionierung, Habituation oder Sensibilisierung. Stereotype Verhaltensstörungen allerdings sind im Wesentlichen nicht therapierbar. Sie entstehen aufgrund nicht artgerechter Haltungsbedingungen. Das Tier erleidet einen Kontrollverlust in einer Umgebung und versucht sich, durch diese Art Anpassungsmechanismus, selbst zu helfen. Durch die Stereotypie werden körpereigene Opiate ausgeschüttet, die bewirken, dass der Stress, den das Tier durch

Traumatisierung kann zu unterschiedlichen Verhaltensweisen führen: erhöhte Skepsis oder auch Abwehrverhalten.

TRAUMA

Trauma kommt aus dem Griechischen und bedeutet Wunde. Wenn man von einem psychischen Trauma spricht, meint man eine seelische Verletzung, die durch ein besonders einschneidendes, negatives Erlebnis hervorgerufen wurde. Das traumatische Erlebnis steht dabei häufig in Verbindung mit hohem Stress und einer erfahrenen Hilflosigkeit. Das Individuum kann das Trauma im besten Falle überwinden und gestärkt daraus hervorgehen. Im schlechtesten Fall leidet es lebenslang unter psychischen Symptomen wie Angstzuständen, wenn das Trauma nicht adäquat verarbeitet wurde.

seine Situation empfindet, während der Ausführung dieser Zwangshandlung nachlässt. Man kann die Stereotypie durch ihre Zwanghaftigkeit einem Suchtverhalten gleichsetzen. Die unterschiedlichen Störungen stammen aus unterschiedlichen Funktionskreisen des Pferdes. Funktionskreise sind die natürlichen Bedürfnisse des Pferdes, wie Bewegung, ständige Raufutteraufnahme, Sozialkontakt und das Komfortverhalten. Das Weben und Boxenlaufen entsteht durch das unbefriedigte Grundbedürfnis nach Bewegung. Da das Pferd nicht vorwärtslaufen kann, fängt es an, eine Ersatzbewegung dafür zu entwickeln. Das Koppen oder das Wände-Lecken als orale Verhaltensstörung stammt aus dem Funktionskreis der Nahrungsaufnahme. Pferde, die zu wenig Raufutter bekommen, können diese Art der Stereotypie entwickeln. Die Automutilation gibt es in ganz verschiedenen Ausprägungen, vom Anschlagen des Kopfes bis hin zum Selbstbeißen. Man kann davon ausgehen, dass es sich hier um eine Störung aufgrund mangelnden Sozialkontaktes handelt.

Wissenschaftliche Untersuchungen gibt es bereits zum Initialtrauma des Absetzens. In einer Studie mit Fohlen zeigte sich, dass Fohlen schon in den ersten Wochen nach dem Absetzen Stereotypien wie Weben und Koppen entwickeln, wenn sie nicht direkt nach dem Absetzen ausreichend Sozialkontakt bekommen. Dem Auftreten von Stereotypien im frühen Entwicklungsstadium kann entgegengewirkt werden durch ein späteres Absetzen und ein anschließend gemeinsames Aufwachsen mit Artgenossen. Studien ergeben, dass folgende Faktoren das Risiko von Stereotypien senken: möglichst ganztägiger Zugang zu Raufutter sowie Stroheinsteu, Haltung in der Gruppe und freie Bewegung auch außerhalb des Stalles.

Fatal ist, wenn man versucht, die Stereotypie zu unterbinden. Dafür werden Kopperriemen zum Kauf angeboten oder eine Neurektomie (Nervenschnitt) der großen Halsbeuger und eine Myotomie (Muskeldurchtrennung) der kurzen Halsbeuger durchgeführt. Diese Maßnahmen sind nicht sinnvoll, da sich das Suchtverhalten einen anderen Weg sucht und sich dadurch nur eine Ersatzhandlung einstellt.

Grundsätzlich gilt als Lösungsansatz, die Haltung zu optimieren. Die Grundbedürfnisse des Pferdes müssen weitestgehend erfüllt werden. Doch selbst wenn ein Pferd mit einer ausgeprägten Stereotypie in einen schönen Laufstall mit Gruppenhaltung kommt, kann es sein, dass die Stereotypie weiter bestehen bleibt. Das Pferd muss trotz Gruppenhaltung

STEREOTYPIE

Unter einer Stereotypie versteht man ein sich monoton wiederholendes Verhalten, das einen zwanghaften Charakter hat. Sie ist dadurch charakterisiert, dass sie in der Situation in der sie auftritt, keine natürliche Funktion besitzt.

sinnvoll beschäftigt werden mit motivierenden Übungen, bei denen das Belohnungssystem aktiviert wird. So ermöglicht man dem Pferd in dieser Zeit eine Alternative zum Suchtverhalten.

EINE FRAGE DES TIERSCHUTZES UND DER SICHERHEIT

Grundsätzlich stellen Verhaltensstörungen oder erlerntes unerwünschtes Verhalten eine Stresssituation für das Pferd dar. Das Pferd befindet sich in einer Erwartungshaltung – entweder fixiert auf Futter oder in einer Schmerzerwartung (Spritze des Tierarztes oder beim Sattel- und Gurtzwang). Die stresserzeugende Erwartungshaltung führt beim Pferd zu Verhaltensweisen, um diesen Stress abzubauen. Was wir also auf jeden Fall machen sollten, ist dem Pferd mit einem Verhaltenstraining zu helfen. Am besten wäre es, das Pferd schon präventiv genau zu beobachten, so dass es erst gar nicht zu einer Verhaltensstörung kommt. Genauso wichtig ist es, sein eigenes Verhalten ständig zu kontrollieren, um eine Fehlkonditionierung zu vermeiden. Also ist es an uns, hier aktiven Tierschutz zu betreiben, um dem Pferd möglichst den Stress im Alltag zu ersparen.

Erlerntes Fehlverhalten kann für uns und das Pferd nicht nur psychisch, sondern auch körperlich gefährlich werden, denkt man an das Verladen oder das aggressive Verhalten dem Menschen gegenüber. Es ist also auch eine Frage der Sicherheit, solch ein Verhalten nicht nur wahrzunehmen und zu behandeln, sondern auch präventiv zu wirken – im eigenen Verhalten und der Haltungsumgebung.

WENN SICH WEGE TRENNEN MÜSSEN

Manchmal ist es die letzte Möglichkeit – aber vielleicht nicht unbedingt die schlechteste für beide Parteien –, wenn sich die Wege trennen. Es geht nicht darum, das Pferd leichtfertig wieder abzugeben, schon gar nicht, wenn es Verhaltensprobleme entwickelt hat. Sondern darum, sowohl für den Menschen als auch das jeweilige Pferd, einen möglichst optimalen Freizeitpartner zu finden. Vielleicht ist es so, dass man nicht das Pferd bekommt, welches man will, sondern das, welches man braucht – um sich selbst weiterzuentwickeln – seine Geduld, seine eigene Wahrnehmung, sein Timing und die Verbesserung seines Körpergefühls. Aber es gibt auch Kombinationen, die sich nicht guttun. Wenn der Mensch z.B. von seinem Pferd Dinge erwartet, die es körperlich oder psychisch nicht in der Lage ist zu leisten. Natürlich sollte hier an erster Stelle stehen, dass der Mensch seine Erwartungen ändert und in eine gute Ausbildung von sich und dem Pferd investiert. Aber oft liegen die Vorstellungen und die Gegebenheiten zu weit auseinander: So kann eben aus einem Distanzaraber nur in wenigen Fällen ein Pferd werden, das ausschließlich in der Halle geritten werden will, oder aus dem Springtalent selten ein braves Kinderpony.

Es geht darum, dass die grundsätzlichen Erwartungen des Menschen – am besten vor Anschaffung des Pferdes – klar durchdacht werden und dementsprechend mit sachkundiger Beratung die Rasse und das Wesen des Pferdes ausgesucht wird. Hier sollte man nicht immer seinen spontanen Emotionen folgen.

MIT AUF DEN WEG

ETHIK UND MORAL

Es soll hier nicht um die Frage gehen, ob wir Tiere – im speziellen Pferde – überhaupt nutzen dürfen. Meiner Meinung nach müssen wir soweit nicht gehen. Was wir aber tun sollten, ist unser Handeln gegenüber dem Tier immer wieder zu reflektieren. Wir sollten das Pferd nicht ausschließlich für unsere Interessen nutzen, sondern uns auch die Interessen bzw. die Grundbedürfnisse des Pferdes vor Augen führen. Ethik und Tierschutz spielen »offiziell« in den Ausbildungen der Reiterwelt formal eine Rolle und das ist gut so. Aber wirklich nach diesen Maximen sein Handeln auszurichten, steht auf einem anderen Blatt. Man sollte sich hin und wieder fragen, ob die Richtung, die man für sich in der Pferdewelt eingeschlagen hat, wirklich dem Pferd gegenüber vertretbar ist. Das gilt für den sportlich ambitionierten Reiter, der seinen sportlichen Erfolg nicht über alles stellen sollte, genauso, wie für den Menschen, der seine gesamte Freizeit mit dem Pferd verbringt, aber das Pferd eventuell vermenschlicht und seine sozialen Bedürfnisse vor die natürlichen Bedürfnisse des Pferdes stellt. Es geht darum, genau hinzusehen und nicht Sachverhalte – nur, weil man sie häufig sieht und sie »schon immer so waren« – als gegeben hinzunehmen. Sondern man sollte sich auch trauen, nach guten moralischen Vorstellungen, Dinge anders zu machen als »alle anderen«. Die Augen offen halten und den Pferden eine Stimme geben, das ist das, was jeder von uns zu einem ethischen und moralisch guten Handeln gegenüber dem Pferd beitragen kann.

ETHIK

Die Ethik ist eine Teildisziplin der Philosophie und beschäftigt sich mit dem menschlichen moralischen Handeln gemäß der Unterscheidung von Gut und Böse. Das aus dem Griechischen stammende Wort »Ethos« bezeichnet Sitten und Bräuche. Die Ethik versucht, Handlungsempfehlungen, Normen und Werte für verschiedene Lebensbereiche zu definieren. Die Tierethik beschäftigt sich im Speziellen mit moralisch vertretbarem Handeln Tieren gegenüber. Des Weiteren beschäftigt sie sich mit der Frage, inwieweit das Nutzen von Tieren aus rein menschlichen Interessen vertretbar ist.

WOHIN DIE LIEBE FÜHRT

Oft höre ich: »Ich möchte nur, dass es meinem Pferd gut geht und dass es sich freut, wenn ich komme und mit ihm arbeiten will.« Steckt in dieser Aussage nicht schon ein Widerspruch in sich? Freude auf Arbeit? Meiner Meinung nach ist das Höchste, was man mit seinem Pferd erreichen kann, ein gegenseitiges Respekts- und Vertrauensverhältnis. Der Erhalt der physischen und psychischen Gesundheit des Pferdes sollte bei der »Arbeit« mit uns an erster Stelle stehen. Eine falsch gemeinte Liebe führt zu einer Vermenschlichung, die das Pferd nicht erfüllen kann. Vielmehr sollte sich jeder Pferdemensch bemühen, sich Wissen über das Pferd anzueignen, damit er der Natur des Pferdes gerecht werden kann und es in seinen natürlichen Verhaltensweisen und Kommunikationsformen versteht.

NOCH ETWAS ZUM TIERSCHUTZ

Es gibt verschiedene Motive, sich ein Pferd anzuschaffen. Die Gründe haben nicht oft mit sportlichem Ehrgeiz zu tun, sondern häufig mit der Suche nach einem Partner. Ein Partner, der einen versteht, der einen tröstet, wenn man traurig ist, der fühlt, wenn man ungeduldig ist, weil man frustriert ist und einen stressigen Tag hatte. Dies ist viel verlangt von einem Tier, das eine Leitfigur braucht, um sich in dieser Welt zurechtzufinden. Kann das Pferd so etwas leisten? Oder wäre nicht doch ein Mensch für diese Gefühlsschwankungen der bessere Ansprechpartner? Aus der Erfahrung mit Pferden wissen wir, dass Pferde viel Freude und Trost schenken können, allein dadurch, dass sie da sind. Der Umgang mit ihnen beschert uns Menschen zahlreiche positive Aspekte. Sie geben uns das Gefühl von Freude, Stolz und Liebe. Sie fördern zum einen psychologische Aspekte, wie Ausgeglichenheit und Verantwortungsgefühl, zum anderen auch körperliche Aspekte, wie Bewegung, Ausdauer und Koordination. Ein Tier kann einem Menschen viel geben, erhält dabei aber in menschlicher Obhut oft wenig Verständnis für seine eigenen Bedürfnisse zurück. Viel zu wenig wird meiner Meinung nach bislang bei Pferden auf die Befriedigung der Grundbedürfnisse wie Bewegung, Sozialkontakt und ständige Raufutteraufnahme geachtet. Die Bedürfnisse des Menschen nach Sauberkeit, kurzen Wegen, Bequemlichkeit, Verfügbarkeit des Pferdes und Status werden in den meisten Fällen höher geschrieben. Man teilt immer noch ein in Sport- oder Freizeitreiter, als würden nicht die meisten Reiter das Pferd in ihrer Freizeit nutzen. Als hätte der eine mehr Recht, sein Tier für sportliche Zwecke zu nutzen, als der andere. Die eine Fraktion schaut auf die andere herab, die Vertreter der einen Reitweise sehen nur das Schlechte in der Reitweise der anderen. Das Pferd wird zur Befriedigung von Bedürfnissen wie Status und sportlicher Anerkennung genutzt, und einige wenige Pferde werden als wertvolle Ware gehandelt, andere aufgrund von Mängeln fast als wertlos erklärt.

Unter den Reitern findet man sicherlich viele Vegetarier, die die Nutztierhaltung in bestimmten Fällen kritisieren. Diese halten sich aber selbst ein Nutztier, dessen artgerechte Haltung bislang nur über Leitlinien, anstatt über Gesetze festgelegt ist. Die Haltung jedes landwirtschaftlichen Nutztieres wird wahrscheinlich mehr überwacht, als die Haltung, der tägliche Umgang und die Trainingszustände unserer Pferde. Durch die rasende

Verbreitung von unschönen Bildern in der Reiterszene, gibt es auch schnell viele Personen, die Grobheiten in der Öffentlichkeit kritisieren, es aber im eigenen Stall als normal empfinden, wenn Pferde von Verhaltensstörungen gezeichnet sind und Ausbilder und Reiter täglich stilles Leid bei den Pferden verursachen. Ich möchte grundsätzlich keinem unterstellen, seinem Pferd vorsätzlich Leid anzutun, aber es werden noch zu viele Dinge übersehen, nicht wahrgenommen und als normal hingestellt. Wenn wir von Gewöhnung und Habituation sprechen, dann findet dies täglich beim Menschen statt und die Psyche filtert diese Tatsachen heraus. Ob es eine erlernte Ignoranz vor diesen Tatsachen ist oder schlichtes Unwissen, ist nicht ganz zu ergründen. Immer noch kann sich jeder, auch für wenig Geld, ein Pferd anschaffen, ohne auch nur das geringste Wissen darüber besitzen zu müssen. Vielleicht wäre es an der Zeit – getreu dem Motto »Unwissenheit schützt vor Strafe nicht« – ein Reglement einzuführen, das das Pferd vor der Unwissenheit des Menschen schützt. Im Bereich der Hundehaltung hat es mit dem »Hundeführerschein« schon einen Schritt in die richtige Richtung gegeben. Wir sind in der Verantwortung, das uns anvertraute Tier zu schützen und ihm Leid und Qual zu ersparen. Zumindest steht dies schon so im Gesetz geschrieben. Lassen Sie uns bei uns und unserem Pferd anfangen!

Es wäre schön, wenn dieses Buch dazu beitragen könnte, eine pferdegerechte Kommunikation auf Augenhöhe zu erreichen.

QUELLEN ZUR WEITEREN VERTIEFUNG

Austin, N. P. und Rogers L. J. (2007): Asymmetry of flight and escape turning response in horses. Laterality: Asymmetries of Body, Brain and Cognition 12 (5), 464-474.

Binder, S. L. (1994): Umgang mit Pferden – Eine praktische Verhaltenskunde. Stuttgart: Verlag Eugen Ulmer KG. ISBN: 9783800172931.

Blendinger, W. (1988): Psychologie und Verhaltensweisen des Pferdes, 5. Auflage; Berlin, Hamburg: Verlag Paul Parey. ISBN: 3-489-51832-2.

Carroll, J., Murphy, C. J., Neitz, M., Ver Hoeve, J. Neitz, J. (2001): Photopigment basis for dichromatic color vision in the horse. Journal of Vision 80-87.

Collin, C., Benson, N., Ginsburg, J., Grand, V., Lazyan, M., Weeks, M. (2012): Das Psychologie-Buch. Dorling Kindersley, London. ISBN: 978-3-8310-2209-0.

Costandi, M. (2015): 50 Schlüsselideen Hirnforschung. Springer Verlag, Berlin, Heidelberg. ISBN: 978-3-662-44190-9.

Csikszentmihalyi, M. (2008): »Flow«. Klett-Cotta, Stuttgart. ISBN: 978-3-608-94555-3.

Engelhardt, W. von und Breves, G. (2005): Physiologie der Haustiere. MVS Medizinverlage Stuttgart. ISBN: 978-3-830-41039-3.

Eysenck, H.J. (1981): A Model for Personality. Springer Verlag, Berlin, Heidelberg. ISBN: 978-3540103189.

Feh, C. und De Mazieres, J. (1993): Grooming at a preferred site reduces heart rate in horses. Animal Behaviour 46, 1191–1194.

Fritsche, O. (2013): Leben ist magnetisch. In: Physik für Biologen und Mediziner pp 67-83, Springer Spektrum Verlag. ISBN: 978-3-642-34665-1.

Gabor, V. und Gerken, M. (2010): Horses use procedural learning rather than conceptual learning to solve matching to sample. Applied Animal Behaviour Science 126, 119-124.

Gabor, V. und Gerken, M. (2012): Cognitive testing in horses using a computer based apparatus, Applied Animal Behaviour Science 139, 242-250.

Gabor, V. und Gerken, M. (2014): Shetland ponies (Equus caballus) show quantity discrimination in a matching-to sample design. Animal cognition 17, 1233-1243.

Gattermann, R. (2006): Wörterbuch zur Verhaltensbiologie - der Tiere und des Menschen. Spektrum Verlag, Heidelberg. ISBN: 978-3-8274-1703-9.

Goodwin D., Davidson, H.P.B., Harris P. (2005): Selection and acceptance of flavours in concentrate diets for stabled horses. Applied Animal Behaviour Science 95, 223–232.

Hall, C.A. und Cassaday, H. J. (2003): The effect of stimulus height on visual discrimination in horses. Journal of Animal Science 81, 1715-1720.

Hall, C.A. und Cassaday, H. J. (2006): An investigation into the effect of floor colour on the behaviour of the horse. Applied Animal Behaviour Science 99, 301-314.

Hanggi E. B. (1999): Intraocular transfer of learning in horses (Equus caballus). Journal of Equine Veterinary Science 19(8), 518-524.

Hanggi E. B. und Ingersoll, J.F. (2009): Long-term memory for categories and concepts in horses (Equus caballus). Animal Cognition 13, 451–462.

Heffner, H. E. und Heffner, R.S. (1984): Sound localization in large mammals: Localization of complex sounds by horses. Behavioral Neuroscience Vol 98 (3), 541-555.

Hoffmann, U. (2015): Mini-Meditationen. Gräfe und Unzer Verlag, München. ISBN: 978-3-8338-3814-9.

Kandel, E.R., Schwartz, J.H., Jessell, T.M. (1996): Neurowissenschaften. Spektrum Verlag, Heidelberg. ISBN: 3-86025-391-3.

Krüger, K., Farmer, K., Byrne, R. (2011): Die sensorische Lateralität als Indikator für emotionale und kognitive Reaktionen auf Umweltreize beim Tier. In: Aktuelle Arbeiten zur artgemäßen Tierhaltung Band 43, KTBL Schrift. ISBN: 978-3-941583-58-0.

McDougall, W. (2001): An Introduction to Social Psychology. Adamant Media Corporation, Boston. ISBN. 978-1421223230.

Müller, W., Frings, S., Möhrlen, F. (2015): Tier- und Humanphysiologie – Eine Einführung. Springer Verlag Berlin, Heidelberg. ISBN: 978-3-662-43941-8.

Ollivier, F. J., Samuelson, D.A., Brooks, D. E., Lewis, P. A., Kallberg, M. E., et al. (2004): Comparative morphology of the tapetum lucidum (among selected species). Veterinary Ophthalmology 7: 11–22.

Saint-Exupéry, A. de (1943): Der Kleine Prinz, deutsche Übersetzung (2015), Anaconda Verlag, Köln. ISBN: 978-3730602294.

Thal, D. O. (2013) The equine eye: What horse owners should know. Thal Equine LLC: Regional Equine Hospital-Horse Owner Education & Resources, Santa Fe, New Mexico.

Thiel, U. (2007): Die Psyche des Pferdes, Franckh-Kosmos Verlags-GmbH & Co., Stuttgart. ISBN: 978-3-440-10929-8.

Wasilewsk, A. (2011): Gibt es Freundschaft zwischen Tieren? In: Christoph Drösser, Artikel der Zeit Online. www.zeit.de

Watzlawick, P., Beavin, J. H., Jackson, D.D. (2000): Menschliche Kommunikation, Formen, Störungen, Paradoxien. 12. Auflage, Verlag Hans Huber, Bern, Stuttgart, Wien. ISBN: 978-3456834573

Westermann, K. (2013): Pferdegestützte Interventionen (PGI) zur Gesundheitsförderung des Menschen - Einsatzvoraussetzungen, Anforderungen, Belastungsmomente, Ausbildung und Leistungsprüfung des Pferdes. Dissertation Freie Universität Berlin.

Wehrhahn, H., Hessel, E. F., Bachhausen, I., Van den Weghe, H. F. A. (2010): Effects of different bedding materials on the behavior of horses housed in single stalls. Journal of Equine Veterinary Science 30 (8), 425–431.

Winter, E. (2013): Gablers Wirtschaftslexikon. Verlag Springer Gabler, Wiesbaden. ISBN: 978-3834934642

Wolpe, J. (1954): Reciprocal inhibition as the main basis of psychotherapeutic effects. Archives of Neurological Psychiatry 72, 205–226.

Wyldes, C.A., (2004): Colour vision in the horse and its importance in management and training. PhD, Nottingham Trent University.

DANKSAGUNGEN

Ich möchte allen danken, die zur Entstehung dieses Buches beigetragen haben.

... dem Verlag, der mir die Möglichkeit gegeben hat, über ein mir so wichtiges Thema zu schreiben.

... Juliane Fellner für die schönen Bilder und ihren feinen Blick für die Details.

... all den Pferdemenschen, Trainern und Wissenschaftlern, die mich auf meinen Weg gebracht haben.

... ganz besonders danke ich meiner Familie, die immer hinter mir steht und ohne die ich nicht die Möglichkeit hätte, das zu tun, was ich so sehr liebe.

... und zu guter Letzt natürlich den Pferden, die einen Teil meiner Persönlichkeit geprägt haben und von denen ich immer weiter lernen darf!

DIE AUTORIN

Dr. Vivian Gabor ist Biologin und promovierte Pferdewissenschaftlerin. Seit 2011 leitet sie ihr eigenes Ausbildungszentrum für Mensch und Pferd in Einbeck. Ihr wissenschaftliches Thema ist die Pferde-Ethologie, mit den Schwerpunkten: Lernverhalten, Aufmerksamkeit und Kommunikation. Nicht nur die aktive Forschung, sondern besonders den Transfer von wissenschaftlichen Erkenntnissen in die praktische Arbeit mit dem Pferd hat sie sich zum Ziel ihrer Arbeit gemacht. Als Trainerin und Ausbilderin blickt sie bereits auf viele Jahre Erfahrung in der praktischen Ausbildung des Pferdes und des Menschen zurück. Dieses Wissen über den pferdegerechten, sicheren und erfolgreichen Umgang mit dem Pferd vermittelt sie in Lehrgängen und Vorträgen in ganz Deutschland. Dabei soll den Praktikern der aktuelle Stand der Forschung zugänglich gemacht und Freude an der Verhaltensbiologie vermittelt werden, mit dem Ziel, das Verständnis über das Verhalten und die Natur des Pferdes zu verbessern.

Weitere Informationen über die Arbeit von Vivian Gabor finden Sie unter:
www.viviangabor.de
www.ivk-menschundpferd.com
www.horseability.de